新型太阳能电池技术与应用

主　编　李　玲　张文明
副主编　赵晓辉　张　丽　王　虹　袁小先

科学出版社
北京

内 容 简 介

本书主要介绍太阳能电池的基本知识、工作原理、分析测量方法和典型应用系统，以及作为当前研究热点的新型太阳能电池材料。全书包括：太阳能电池概论，太阳能电池的基本原理、损失与测定，外延晶体硅薄膜太阳能电池，杂化钙钛矿太阳能电池的新技术，次世代太阳能电池，基于新型微纳减反结构的硅基太阳能电池，太阳能电池应用系统以及太阳能电池材料分析技术。

本书可作为高等院校材料科学与工程专业、电子科学与技术等专业的教学用书，也可供材料化学、新能源、光学工程等领域从事与太阳能电池相关技术开发和科学研究的工程技术人员参考。

图书在版编目(CIP)数据

新型太阳能电池技术与应用/李玲，张文明主编. —北京：科学出版社，2020.11
ISBN 978-7-03-066749-6

Ⅰ. ①新… Ⅱ. ①李… ②张… Ⅲ. ①太阳能电池 Ⅳ. ①TM914.4

中国版本图书馆 CIP 数据核字(2020)第 218603 号

责任编辑：余 江 梁晶晶 / 责任校对：郭瑞芝
责任印制：赵 博 / 封面设计：迷底书装

科 学 出 版 社 出版
北京东黄城根北街 16 号
邮政编码：100717
http://www.sciencep.com
中煤（北京）印务有限公司印刷
科学出版社发行 各地新华书店经销
*
2020 年 11 月第 一 版 开本：787×1092 1/16
2024 年 12 月第三次印刷 印张：10 3/4
字数：248 000
定价：59.00 元
(如有印装质量问题，我社负责调换)

前　　言

随着化石能源等常规能源的日渐枯竭，新能源的开发与利用迫在眉睫。太阳能光伏能源因具有充分的清洁性、绝对的安全性、相对的充足性、长寿命以及易于维护等其他常规能源所不具备的优点，被认为是 21 世纪最重要的新能源，光伏发电对解决人类能源危机和环境问题具有重要作用。

自 2007 年起，中国太阳能产业已经凭借快速降低成本的规模化生产优势成为世界第一大太阳能电池生产国。即便如此，我国能源依然短缺，结构性矛盾依旧突出，仍处在"调整和优化产业结构，促进产业结构升级，转变经济增长模式"时期。因而，进一步改变能源结构，开发利用新型太阳能电池技术，成为我国能源战线的一项紧迫任务。基于此，本书着重对现今新型太阳能电池技术与应用进行分析和论述，以期为读者了解和研究太阳能电池的技术与应用现状提供良好的素材，从而推动新型太阳能电池技术的开发与应用。

全书共 8 章，第 1、2 章对太阳能电池的使用、分类、发展，以及太阳能的基本原理、损失与测定等进行介绍；第 3～6 章则在此基础上论述部分新型太阳能电池技术，包括外延晶体硅薄膜太阳能电池、杂化钙钛矿太阳能电池的新技术、次世代太阳能电池、基于新型微纳减反结构的硅基太阳能电池等；第 7 章和第 8 章则分别阐述太阳能电池应用系统以及太阳能电池材料分析技术，旨在展现太阳能电池在诸多方面的应用。

本书内容具有前瞻性，涵盖面广，可读性强，既可作为太阳能电池领域工作者和相关专业学生的参考书，也可为太阳能电池领域和即将要进军该领域的公司提供借鉴。

在本书撰写过程中，参考了一些专家和学者的意见，在此一并表示诚挚的谢意！

由于太阳能电池领域的技术发展迅速，且作者水平有限，书中难免存在疏漏与不足之处，敬请广大读者批评指正。

作　者

2020 年 3 月

目　　录

第1章 太阳能电池概论

1.1 能 源 现 状

目前，我们所居住的环境面临两个严重问题亟待解决：一是全球变暖(global warming)；二是能源危机。

1. 全球变暖

全球变暖是指地球表面的温度越来越高，造成海平面上升及全球气候变迁加剧等影响的现象。该现象会对水资源、农作物、自然生态系统以及人类健康等方面造成明显的冲击。图 1-1 所示为美国国家航空航天局发布的北极冰面积覆盖变化俯视图，从 1984～2019 年，北极冰层有 $2.98 \times 10^6 \mathrm{km}^2$ 的面积融化，面积减少约 95%。其中，北冰洋和大西洋之间的格陵兰岛，冰覆盖面积在这 35 年间变化最为明显。图 1-2 所示为 1985 年与 2017 年南美洲的巴塔哥尼亚冰原消退对照图。在全球变暖日益严重的影响下，喜马拉雅山脉上游的冰河也有逐渐融化的趋势。全球变暖的主要原因包括自然的改变和外来因素的影

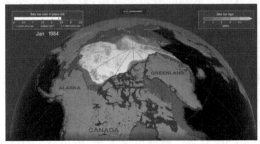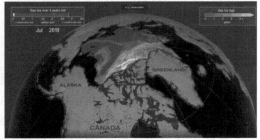

图 1-1　1984 年与 2019 年北极冰层对照图

图 1-2　1985 年与 2017 年南美洲的巴塔哥尼亚冰原消退对照图

响两个方面。其中，自然的改变包括太阳辐射的变化与火山活动等，而外来因素的影响主要是温室气体导致的温室效应，即大气中二氧化碳和其他温室气体的含量不断增加，使得地球表面的热气被局限在地表上。燃烧化石燃料、清理林木和耕作等都进一步增强了温室效应。

对温室效应的观测是1897年由瑞典化学家阿伦尼乌斯(Arrhenius)提出的。全球性的温度增量可能造成地球环境的变动，包括海平面上升以及降雨量和降雪量在数值、样式上的变化，进而造成洪水、旱灾、热浪、飓风和龙卷风等自然灾害。除此之外，温室效应还会导致其他后果，例如，冰河消退、夏天时河流流量减少、更低的农产品产量、物种消失和疾病肆虐等。同时，气候学家也认为：自从1950年以来，太阳辐射的变化与火山活动所产生的变暖效果比人类所排放的温室气体要低，而关于温室气体的产生，大部分与燃烧化石燃料有关。

国际能源署(IEA)于2019年3月发布了第二份全球能源和二氧化碳状况报告。报告中显示，2018年受能源需求上升的影响，全球能源消耗的二氧化碳排放增长了1.7%(约5.6亿吨)，总量达到331亿吨，是自2013年以来的最高增速，高出2010年以来平均增速的70%。在上升的化石燃料总排放量中，电力行业排放占总量的近2/3。电力行业煤炭消耗排放超过100亿吨二氧化碳，且主要集中在亚洲。2018年全球大气二氧化碳年平均浓度为407.4ppm[①]，较2017年上升2.4ppm，而工业化前该数值仅为180～280ppm。同时，国际能源署首次评估了传统化石燃料使用对全球气温上升的影响。研究发现，全球平均地表温度较工业化前水平升高了1℃，其中0.3℃以上是由煤炭燃烧排放二氧化碳造成的。显然煤炭已经成为全球气温上升的最大单一来源。调整能源结构，解决全球变暖问题已经刻不容缓。

2. 能源危机

随着工业与物质文明的发展，人类对能源的依赖程度加深了能源的过度使用。虽然地层中各种能源的蕴藏量不可能十分精确地计算出来，但多数传统能源的储藏量都是有限的，总有用尽的一天。表1-1列出了各种传统能源的储藏量与可用年限估计。依据估算，截至2018年底，世界原油探明储藏量约17297亿桶，预计可使用至2070年；天然气探明储藏量约200万亿立方米，预计可使用至2070年；煤探明储藏量约15980亿吨，预计可使用至2220年；铀探明储藏量约235.6万吨，预计可使用至2070年。目前，非传统能源的发展已经具有十分紧迫的需求。

表 1-1　各种传统能源的储藏量与可用年限估计

	石油	天然气	煤	铀
储藏量	17297 亿桶	200 万亿立方米	15980 亿吨	235.6 万吨
2020 年后可用年限	50	50	200	50

---

① ppm 为 10^{-6} 量级。

1.2　可再生能源简介

1. 发展可再生能源的必要性

目前，其他非传统能源的发展已经具有十分紧迫的需求。非传统能源按照其特点不同可以分为可再生能源(renewable energy)、替代能源(alternative energy)、绿色能源(green energy)等。

可再生能源是指自然界中已存在的能源，并且在自然界中生生不息，具有与消耗同等速度再生的能力。因而，可再生能源在使用过程中不会发生能源短缺，有着再生和再利用的可能性。可再生能源取之不尽、用之不竭。风能、太阳能(solar energy)、地热能、波能和潮汐能、水力发电以及生物质能等都属于可再生能源。

替代能源指的是非传统、对环境影响小的能源及能源储藏技术，同时要求并非来自化石燃料。大多数可再生能源都属于替代能源中的一种。

绿色能源是指对环境友好的能源，具有减缓全球变暖与气候变迁的特点。风力、太阳能、地热、潮汐、生物质能等都是绿色能源。绿色能源的开发和利用可以增加能源效益、减少温室气体排放、减少废弃物与污染，同时节约了其他自然资源。

为了使地球免受气候变暖的威胁，1997 年 12 月，多个国家和地区的代表在日本东京召开"联合国气候变化框架公约会议"，会议通过了限制发达国家和地区温室气体排放量以抑制全球变暖的《京都议定书》。这是历史上第一次以法规的形式约束限制发达国家和地区的温室气体排放量。《京都议定书》中共规定了六种管制温室气体。

(1) 前三类：CO_2、甲烷与氧化亚氮。

(2) 后三类：氢氟碳化物、全氟化碳与六氟化硫。

各个发达国家和地区从 2008～2012 年完成的减排目标分别是：

(1) 与 1990 年相比，欧盟减少 8%、美国减少 7%、日本减少 6%、加拿大减少 6%、东欧各国减少 5%～8%。

(2) 新西兰、俄罗斯和乌克兰可将排放量稳定在 1990 年的水平上。

(3) 允许爱尔兰、澳大利亚和挪威的排放量分别比 1990 年增加 10%、8%和 1%。

(4) 各国皆应制定使用可再生能源的比例占总体使用能源 12%～15%的目标。

2012 年 8 月，多哈会议通过了包含部分发达国家第二承诺期量化减限排指标的《京都议定书多哈修正案》，第二承诺期为期 8 年，于 2013 年 1 月 1 日起实施，至 2020 年12 月 31 日结束。中国于 2014 年 6 月交存了《京都议定书多哈修正案》的接受书。

国际能源组织认为发展可再生能源是解决能源危机、应对气候变化的重要措施。美国、英国、日本以及欧盟等发达国家和地区均把发展可再生能源作为降低二氧化碳排放量的主要方法。为了推进全球能源结构转型，实现从传统的化石能源向绿色环保的可再生能源转变，中国政府也已经把"绿色发展"和"生态文明建设"放在经济发展部署中的战略地位。2016 年 12 月 29 日国家发展改革委、国家能源局在印发的《能源生产和消费革命战略(2016—2030)》中提出：到 2020 年，能源消费总量要小于 50 亿吨标准煤，非化石能源消费比重达到 15%，单位国内生产总值二氧化碳排放比 2015 年下降 18%；2021～2030 年，能源消费总量小于 60 亿吨标准煤，非化石能源消费比重达到约 20%，天然气比重达到约 15%，主要依靠清洁能源满足经济发展对能源的消费需求；到 2050 年能源消费总量进入稳定期，非化石能源消费比重应超过 50%，建成现代化能源体系。

2. 可再生能源的种类

风能、太阳能、生物质能、地热能、海水温差能、波浪能以及潮汐能等都属于可再生能源，下面简述常用可再生能源的种类与发展现状。

(1) 风能。风能发电是通过风推动电机以产生电力，是一种机械能与电能的转换。目前，风力发电的成本已下降至低于天然气的发电成本，可与传统燃油发电成本相竞争。若某地区的年平均风速超过 4m/s，则具有发展风力发电的潜力。2016 年，全国风电发电量达到 2410 亿 kW·h，在全国发电总量中占比 4.2%。2017 年，全国（除港澳台地区外）新增装机容量 1966 万 kW，累计装机容量达 1.88 亿 kW，同比增长 11.7%。截至 2019 年 6 月底，风电 2019 年上半年的装机总容量已达 1.932 亿 kW，占总装机容量的 10.5%。

(2) 太阳能。太阳能包含太阳热能与太阳电能的使用。太阳热能是直接用集热板收集太阳光的辐射热，将水加热以推动机械，是一种热能、机械能与化学能的转换。太阳能发电是通过光伏电池 (photovoltaic，PV) 或太阳能电池 (solar cell) 将太阳能转换为电能，是一种光能与电能的转换。随着使用化石能源与保护环境之间的冲突日趋严重，在美、日、欧盟等发达国家和地区的推动下，太阳能光电产业蓬勃发展，太阳能被认为是最具发展潜力的可再生能源。

(3) 生物质能。生物质能发电是指将各种有机体转换成电能，是一种生物质能与电能的转换。有机体发电是将农村及城市地区产生的各种有机物，如粮食、含油植物、牲畜粪便、农作物残渣及下水道废水等，经各种自然或人为化学反应后，再萃取其能量进行应用。典型的生物质能发电具体应用包括垃圾焚化发电、沼气发电、农林废弃物及一般工业废弃物发电等。

(4) 地热能。地热能发电是指借助地底所产生的热来推动发电机生成电能，是一种热能与电能的转换。环太平洋火山带有多处山区显示蕴藏有地热资源。我国台湾地区地热资源初步评估结果显示，全台湾有近百处地区具有温泉地热征兆。但因大部分属火山性地热泉，酸性成分太高，不具发电价值。因此，解决地热酸性成分高和蒸汽含量少两个关键问题，能使地热能发电具有较好的发展前景。

(5) 海水温差能。海水温差能发电是指将自然界的海水或湖水冷却，再经水泵加压打回锅炉，形成一个闭路循环以产生电能，是一种热能、机械能与电能的转换。其中，若在此循环中的热源与冷源的温差达到数百摄氏度，其热力效率可达 30%～40%；然而，海洋温差仅有 20～25℃，因此其效率仅为 3% 左右。虽然效率偏低，但海洋体积庞大，通过优化设计也能产生可观的电能。

(6) 波浪能。波浪能发电是指风吹过海洋时产生波浪，通过将发电机存放在水中，利用宽广海面上的波浪能发电的方式，是一种风能、机械能与电能的转换。由于地球表面有超过 70%的面积是海洋，海洋成为世界上最大的太阳能收集器。太阳照射在广阔的海洋上，造成表层海水与深海海水之间的温差，进而产生地球表面大气的压力差，由此产生风并生成波浪能。利用波浪能发电的装置有多种形式，具体操作原理可分为：①利用波峰到波谷的垂直运动来驱动水轮机或汽轮机；②利用波浪的前后来回运动，经由凸轮等机械组件来推动叶轮机；③其他方法。例如，将波浪集中在水道，再以波浪变化时的动量传播效应来维持一定的水位差以推动水轮机等。

(7)潮汐能。地球的万有引力与地球自转对海水的引力造成海平面的周期性变化是潮汐产生的原因。潮汐发电是利用涨潮与退潮造成海水高低潮位的落差，进而推动水轮机旋转，带动发电机发电来产生电力，是一种机械能与电能的转换，仅需 1m 的潮差即可供围筑潮池，进行潮汐发电。

虽然上述可再生能源各以不同的名称出现，但是几乎都与太阳提供的能量有关。在能量守恒的观点上，太阳内部的质量变化所提供的光能量传送至地球，形成如太阳能、风能、生物质能、波浪能、水力以及地热能等诸多可再生能源的原动力。

3. 发展可再生能源的策略

根据《2019 年全球可再生能源投资趋势》报告指出，2009～2019 年全球可再生能源新产能投资达到约 2.6 万亿美元，其中太阳能发电容量超过其他发电技术。十年间新能源产业的投资，使得除大型水电以外的可再生能源装机容量从 414GW 上升到 1650GW，增长约 3 倍。而 2.6 万亿美元的总投资中，光伏产业以 1.3 万亿美元占到了 50%。同时，新能源产业的成本十年间却在不断降低。其中，太阳能平均发电成本降低了 81%，陆上风电成本下降了 46%。

中国近十年来一直是可再生能源产能的最大投资国，2010～2019 年上半年，中国在新能源产业上的总投资已达 7580 亿美元；美国为 3560 亿美元，居第二；日本为 2020 亿美元，居第三。新能源技术的不断发展，在一定程度上缓解了各国的环境和经济压力。各国政府也不遗余力地推进新能源科学技术研究和产业化发展，同时，以相应的法规政策作为辅助鼓励手段，以期为经济的发展提供新动力。目前，世界各国推动可再生能源产业发展的具体措施包括电价收购、设备补助、低息贷款、租税减免、加速折旧等奖励政策。未来将确立电力公司的电力供应必须有一定比例来自可再生能源，且光电并联系统的使用者也可将其剩余电力回售给电力公司。

4. 发展太阳能电池的必要性

图 1-3 所示为到 2040 年全球对各种可再生能源的电力需求预估。由图 1-3 可知，可再生能源的使用将有快速的增长，其中太阳能发电的增长更加明显。整体来说，处在发展中的替代性能源，风力及水力皆受到各国地理环境的影响，无法有效地普及应用。而生物质能虽被认为是最有效、最有可能取代石油的替代性能源，却由于世界各国的粮食危机，导致其可发展性大大受限。美国前能源部长朱棣文博士曾表示：风能有风场问题，生物质能有粮食议题。因此，属于绿色能源的太阳能电池被列为研究发展的重点之一。

太阳能电池及其模块在使用上包括如下若干优势。

(1)至少对人类历史而言，太阳能应该是取之不尽、用之不竭的。

(2)太阳能的提供不需能源运转费、无需燃料、无废弃物与污染、无转动组件、无噪声。

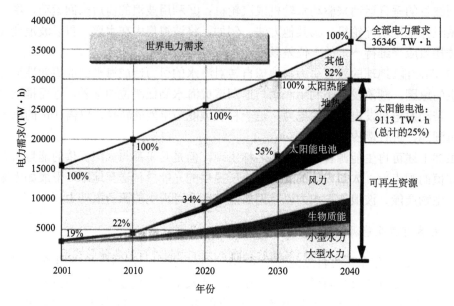

图1-3 全球对各种可再生能源的电力需求预估

(3)太阳能电池组块机械破损较少，是半永久性的发电设备，使用寿命可以长达二十年以上。

(4)太阳能电池可将光能直接转换为直流电能，且发电规模可依系统而定，大至发电厂、小至一般计算器皆可使用太阳能电池发电。

(5)太阳能电池种类众多，外形、尺寸可随意变化，应用范围广。

(6)太阳能电池发电量大小随日光强度而变，并联型发电系统可以辅助尖峰电力。

(7)薄膜型太阳能电池可设计为阻隔辐射热或半透光，将可与建筑物结合。

尽管太阳能电池在使用上具有诸多优点，但目前太阳能电池也存在一些缺点仍待改进。

(1)就现阶段的发展而言，太阳能电池的生产设备成本相对昂贵。

(2)由于太阳能电池的光电转换效率较低，一般为15%～20%，因此大规模发电的太阳能电池组件需要很大的收集面积。

(3)目前的太阳能电池仅发电但不储电，因此需要配合储电的蓄电池。

(4)硅基太阳能电池的机械强度低，需要通过使用其他的封装材料加以增强。

(5)结晶硅太阳能电池的发电受天气影响大，在弱光、晨昏与阴雨天时，发电量会降低。

目前，各国对太阳能电池的奖励补助及与可再生能源相关的法案相继推出并实施，只要能突破太阳能电池效率与生产设备的技术问题，太阳能电池的需求量将有极大的成长空间。

1.3　太阳光的使用

1. 太阳光谱

太阳能是地球表面与大气之间进行各种形式运动的能量源泉。物体中的带电粒子在原子或分子中的震动可以产生电磁波（electro-magnetic wave）。太阳能便是以各式各样的电磁波形式，通过太阳辐射传播到地球上。辐射是通过放射输送能量，其传播速度等于光速，且不需传播介质。日常生活中，当我们坐在火炉边时，可以感受到火焰带给我们的温暖，这就是辐射能的作用。

气象学所着重研究的是太阳、地球和大气的热辐射，其波长范围为 $0.15\sim120\mu m$，其中太阳辐射的主要波长范围是 $0.15\sim4\mu m$，地面辐射和大气辐射的主要波长范围是 $3\sim120\mu m$。因此气象学上习惯把太阳辐射称为短波辐射，而把地面及大气的辐射称为长波辐射。一般所说的阳光是指可见光，其波长范围是 $0.4\sim0.76\mu m$；可见光经棱镜分光后，成为红、橙、黄、绿、蓝、靛、紫的七色光带，称为光谱，在可见光范围之外的光谱是人眼所看不见的，但可以通过仪器测量出来，太阳辐射光谱如图 1-4 所示。

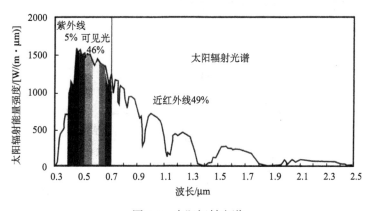

图 1-4　太阳辐射光谱

2. 太阳辐射与吸收

太阳是一个炽热的气态球体，其表面温度为 $6.00\times10^{3}K$ 左右，而内部的温度据估计高达 $4.0\times10^{7}K$，不断以电磁波的形式向四周发散光与热，因此，到达地球上的太阳辐射是非常巨大的。大气中所发生的各种物理过程和物理现象，都直接或间接地依靠太阳辐射的能量来进行，太阳辐射可视为黑体辐射。

太阳辐射强度是用来表征太阳辐射能强弱的物理量，即表示单位时间内，垂直投射在单位面积上的太阳辐射能，用符号 I 表示［单位为 $J\cdot s^{-1}\cdot m^{-2}$）］。到达地球大气顶端的太阳辐射强度主要由以下因素决定。

(1) 日地距离：地球绕太阳的轨道是椭圆形的，因此日地间的距离便以年为周期发生变化。地球上受到的太阳辐射的强度与日地距离的平方成反比。当地球通过近日点时，地表单位面积上所获得的太阳能，要比地球通过远日点时多 7%。但实际上，由于大气中的热量交换和海陆分布的影响，南、北半球的实际气温并没有上述的差别。

(2)太阳高度：太阳的高度越高，其辐射强度越大；反之，则辐射强度越小。因为太阳高度越高，阳光直射到地面的面积越小，因此单位面积上，所吸收的热量越多；太阳高度较低时，因阳光为斜射，照到地面上的面积变大，因此单位面积上所吸收的热量便减少。

(3)日照时间：太阳辐射强度也与日照时间长短成正比，而日照时间会随着季节和纬度的不同而不同。夏季时，昼长夜短，日照时间长，辐射强度大；冬季时，昼短夜长，日照时间短，辐射强度低。同时，昼夜长短的差异随纬度增高而增大。

图 1-5 所示为太阳光照射地面时的情形。当太阳光照射到地球大气层时，一部分光线被反射或散射，一部分光线被吸收，只有约 70%的光线能够透过大气层，以直射光或散射光的形式到达地球表面。到达地球表面的光线一部分被表面物体所吸收，另一部分又被反射回大气层。距离太阳 1.5 亿 km 的地球所接收的太阳能量，换算为电力表示约为 1.7×10^{14}kW，这个值大约是全球平均年消耗电力的十万倍。尽管太阳为地球提供了如此丰富的能量来源，但以人类目前的科技尚无法充分有效地将其接收并加以利用，主要原因之一是太阳能转换成电能的效率较低。

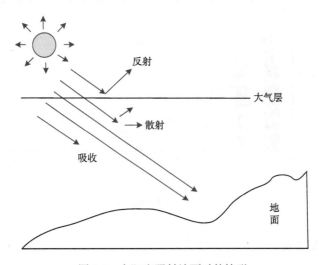

图 1-5　太阳光照射地面时的情形

3. 太阳光的光电转换

太阳光照射到可吸收光谱的半导体光电材料后，光子(photon)会以激发电子/空穴(electron/hole)的方式输出。在光电转换的过程中，事实上并非所有的入射光谱都能被太阳能电池所吸收，并完全转换成电流，有 30%左右的光谱因能量太低(小于半导体的能隙)，而对电池的输出没有贡献。在被吸收的光子中，除了产生电子/空穴对所需的能量外，约有 50%的能量以热的形式被释放掉。

太阳能电池是一种实现能量转换的光电器件，经过太阳光照射后，可以把光的能量转换成电能。从物理的角度来看,有人称太阳能电池为光伏电池(photovoltaic),其中的 photo 表示光,voltaic 代表电力。

1.4 太阳能电池的分类

由于太阳能电池的种类繁多,若以材料的种类进行分类,其分类结果如图 1-6 所示。本节简单介绍各种电池的优缺点与目前的效能,详细内容会在后续相应章节中说明。

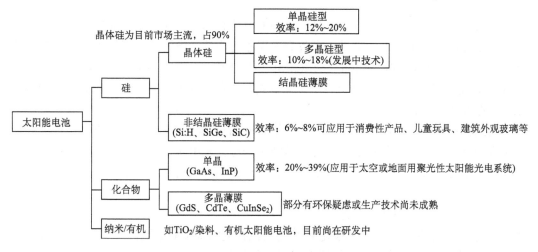

图 1-6 以材料的种类对太阳能电池进行分类

1. 硅基晶片型太阳能电池

硅基晶片型太阳能电池主要可分为单晶硅(single crystal silicon)和多晶硅(poly crystal silicon)芯片型太阳能电池两大类。

对于单晶硅太阳能电池,完整的结晶使单晶硅太阳能电池能够达到较高的效率,且键结构较为完全,不易受入射光子破坏而产生悬挂键(dangling bond),因此光电转换效率不容易随时间而衰退。

多晶硅太阳能电池由于具有晶界面,因此在切割和再加工的工序上,比单晶硅和非晶硅(amorphous silicon)更困难,效率方面也比单晶硅太阳能电池低。不过,简单与低廉的晶体生长成本是它最大的优势。因此,在部分低功率的电力系统中,多采用这类太阳能电池。

从目前两种太阳能电池的效能看,单晶硅型太阳能电池的模块效率一般为 15%～17%;多晶硅型太阳能电池的模块效率为 13%～16%。

硅基晶片型太阳能电池的优点包括:

(1)硅基制备技术发展成熟,可大量生产,是目前太阳能电池的主流。

(2)整厂输出(turn key)设备价格低,25MW 生产线约合 200 万美元。

(3)模块的效能稳定,使用期限长,一般可达 20 年。

硅基晶片型太阳能电池的潜在缺点如下：

(1) 晶片原料有缺料风险，且同瓦数模块的能源回收周期比薄膜型太阳能电池长。

(2) 因为硅基晶片型太阳能组件透光性差，不适合作为建材一体化（如玻璃外墙）电池模块应用。

(3) 技术门槛不高，易整线跨入，因此许多国家硅基晶片型太阳能电池的建厂速度都很快，导致产品质量参差不齐。

2. 硅薄膜型太阳能电池

硅薄膜型太阳能电池可分为非晶硅太阳能电池和结晶硅薄膜太阳能电池。

对于非晶硅太阳能电池来说，光致衰退现象造成该种电池的效率仅为 6%～8%。其光吸收系数（optical absorption coefficient）（约 10^5/cm）高于结晶硅太阳能电池（约 10^3/cm），使其能够用较少的硅材料用量来获得较多的全年发电量，因此非晶硅太阳能电池仍有存在的必要性。

而结晶硅薄膜太阳能电池，主要是叠接不同晶格结构与材料制成太阳能电池，并通过不同的能隙变化吸收某特定波段的光谱能量来进行光电转换。

目前效能，非晶硅太阳能电池的模块效率约为 6%，结晶硅薄膜太阳能电池的模块效率为 10%～13%。

硅薄膜型太阳能电池的优点如下：

(1) 同一模块瓦数下，全年发电量胜过其他种类的太阳能电池。

(2) 制备与模块一体成形，极适合建材一体化的应用。

(3) 制备与设备技术类似面板产业的发展，目前正在进行第 5 代大面板制备技术的研发。

(4) 所有太阳能电池都可大面积且定制化生产，还可在柔性（flexible）基板上进行制造。

硅薄膜型太阳能电池的潜在缺点如下：

(1) 非晶硅薄膜太阳能电池的效率和稳定度较差，尚有较大的提升空间。

(2) 大面积（5 代面板以上）的镀膜设备技术门槛甚高，需要克服如高频 CVD 驻波（standing wave）与电浆均匀度等问题，目前仅有少数几家国际大厂具有生成技术能力。

(3) 目前整厂输出设备价格高，25MW 非晶硅薄膜电池生产线约合 3000 万美元，结晶硅薄膜太阳能电池生产线需要 6000 万～1 亿美元。

3. Ⅲ-Ⅴ族化合物太阳能电池

许多化合物半导体材料都可用于太阳能电池的光吸收层，主要的材料有砷化镓 GaAs、GaInP 等。目前，Ⅲ-Ⅴ族化合物太阳能电池的效率已经远远超过硅基太阳能电池，且由于Ⅲ-Ⅴ半导体电池的效率高、重量轻以及更好的耐辐射特性，使得Ⅲ-Ⅴ半导体逐渐在太空卫星和高效率太阳能电池的市场中占有一席之地。

目前效能，聚光型砷化镓（GaAs）太阳能电池是目前所有太阳能电池中效率最高的，其效率已超过 30%。

Ⅲ-Ⅴ族化合物太阳能电池的优点如下：

(1) 砷化镓太阳能电池的效率大部分超过 20%。

(2) 砷化镓器件制备类似于发光二极管产业，因此发电与照明产业的结合将有极大潜力。

Ⅲ-Ⅴ族化合物太阳能电池的缺点如下：

(1) 砷化镓太阳能电池的生产设备与材料昂贵，大面积化制备困难度较高。

(2) 聚光型砷化镓太阳能电池的模块成本极高，每瓦成本约在其他电池成本的百倍以上。

4. Ⅱ-Ⅵ族化合物太阳能电池

许多 Ⅱ-Ⅵ族化合物半导体材料都可用于太阳能电池的光吸收层，主要的材料有 CdTe、CuInSe$_2$(CIS)、CuInGaSe$_2$(CIGS) 等。目前，生产 CdTe 薄膜太阳能电池的国际大厂获利甚高，此外 CuInGaSe$_2$(CIGS) 薄膜太阳能电池的实验室效率也达到 17%，引起众多厂商积极投入。

目前效能，CdTe 的模块效率可达 10% 以上，CIGS 的模块效率可达 12%。

Ⅱ-Ⅵ族化合物太阳能电池的优点如下：

(1) CdTe 电池是次世代薄膜太阳能电池中效率较高的。

(2) CIGS 可通过卷印制备用于柔性基板生产。

Ⅱ-Ⅵ族化合物太阳能电池的缺点如下：

(1) CdTe 与 CIGS 的部分成分毒性高，存在严重的环保问题。

(2) CdTe 与 CIGS 的部分组成原料在地球上的蕴藏量有限。

(3) CIGS 的大面积化制备困难度极高，同时存在靶材来源——四元化合物的稳定性、材料毒性以及材料控制等问题。

5. 染料敏化太阳能电池

染料敏化太阳能电池(dye-sensitized solar cell，DSSC)是 Grätzel 等在 1991 年发明的，其工作原理为，当染料(dye)被光激发后，将激发的电子注入 TiO$_2$ 导带，而留下氧化(oxidize)的染料分子，电子在 TiO$_2$ 粒子间传输至电极，经过负载至另一电极，在此经由金属铂电极的催化与电解质溶液发生氧化还原反应，反应完成后的电子将氧化的染料分子还原，完成一个工作循环。其优点是制造简易，模块具有柔性，效率最高纪录达到 11%。

目前效能，染料敏化太阳能电池的实验室最高效率约为 11%，但大面积商用模块仍在开发中。

染料敏化太阳能电池的优点如下：

(1) 染料敏化太阳能电池是次世代薄膜电池中成本较低且材料使用较少者。

(2) 染料敏化太阳能电池的制备非常容易，不需要昂贵的真空设备。

(3) 染料敏化太阳能电池可实现大面积且定制化生产，还可在柔性基板上进行制备。

染料敏化太阳能电池的潜在缺点如下：

(1) 目前染料敏化太阳能电池大面积生产的技术仍不够成熟，且商用模块效率仍较低。

(2) 染料敏化太阳能电池的封装过程较为复杂。

(3) 在紫外线照射和高温下会出现严重的光致衰退现象。

6. 有机太阳能电池

有机太阳能电池采用有机材料制备，具有类似 PN 结的结构，有一施主层与一受主层。与一般半导体不同的是，在有机半导体中，光子的吸收并非产生可自由移动的载流子，而是产生束缚的电子–空穴对（也称作激子，exciton）。其制备容易，模块具有柔性。

目前效能，有机太阳能电池的实验室最高效率为 5%～6%，但大面积商用模块仍在开发中。

有机太阳能电池的优点如下：

(1)有机太阳能电池在次世代薄膜电池中成本最低。

(2)有机太阳能电池的制备非常容易，不需要太多昂贵的真空设备。

(3)有机太阳能电池可在柔性基板上制造，产品的重量轻，适合应用于个性化可移动便携电子产品上。

有机太阳能电池的潜在缺点如下：

(1)有机太阳能电池目前的技术仍不够成熟，短时间内不易商业化。

(2)有机太阳能电池的封装过程较为复杂且模块的可靠度与稳定度差。

(3)目前在次世代电池中转换效率最差，必须突破有机材料电子传导速率过慢的先天性缺陷限制。

除了上述常用的太阳能电池外，还有许多处于实验室研发阶段的太阳能电池，它们基于上述几类太阳能电池的制备工艺，在材料或结构上进行优化。表 1-2 列出了目前实验室研发中的各类太阳能电池的转换效率、每瓦价格及其在本书对应的章节。需要说明的是，以目前世界各国产学研对太阳能电池的积极研发态度，表中的数据在几年内会被更新一次。

表 1-2　太阳能电池依形态及材料种类分类

形态	种类	材料		地面用转换效率　AM1.5, 25℃测量		价格/(U.S/Wp)	本书对应章节
				实验室面积	商业化面积		
晶片型	III-V族	砷化镓	GaAs	25.1%(3.91cm²)	—	100～2000	8.5
			结叠层 CaInP/CaAs/Ge	35.0%(3.989cm²)	—	2.5～3.5	8.5
	硅基	单晶硅	Single-Crystalline Si	24.7%(400cm²)	15%～18%(直径=4″～6″)	1～1.5	4.5
		多晶硅	Poly-Crystalline Si	20.3%(1.002cm²)	12%～14%(直径=4″～6″)		4.5
		单晶/非晶硅叠层	Heterojunction with Intrinsic Thin-layer	21.0%(101cm²)	19.5%(101cm²)		4.7.2
薄膜型	硅	非晶硅	Amorphous Si	10.1%(1.199cm²)	7%(15400cm²)	2～3	5.5
		非晶硅/微晶硅叠层	Amorphous/Micro Crystalline Si Tandem	13%(1.0cm²)	10%(15400cm²)		6.4
	II-VI族		Cd-Te	16.5%(1.032cm²)	10.7%(4874cm²)		8.3
	I-II-VI族		CuInSe₂	19.5%(0.41cm²)	13.4%(3459cm²)	2～3	8.4
电化学	有机染料		Dye Sensitized TiO₂	8.2%(2.36cm²)	—	—	7.3

太阳能电池的另一种分类方式是按出现的时代进行分类，如图 1-7 所示。

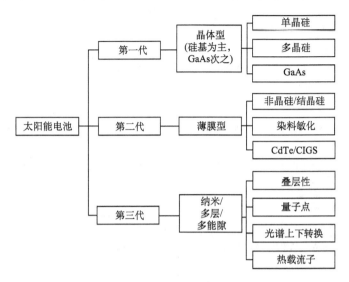

图 1-7　按太阳能电池出现的时代分类

第一代太阳能电池是以晶体型(wafer based)或硅基(silicon based)为主的太阳能电池，具有高价格与接近 20%转换效率的特性。

第二代太阳能电池主要以薄膜型太阳能电池为主，其效率尚不及传统的单晶硅太阳能电池，包括非晶硅／结晶硅薄膜太阳能电池、染料敏化太阳能电池、CdTe/CIGS 等。

第三代太阳能电池能超越目前硅基太阳能电池的理论效率，如钙钛矿电池的效率有望达到 30%以上。采用纳米结构的太阳能电池，主要以纳米/多层/多能隙结构为主，包括量子点、热载流子、光谱上下转换或纳米结构太阳能电池。

1.5　太阳能电池的发展与基础知识结构

1. 太阳能电池的发展

表 1-3 列出了太阳能电池早期的部分发展历程，第一块单晶硅太阳能电池是 1954 年由贝尔实验室制造出来的，当时的研究动机是希望能为偏远地区的通信系统提供电源，但其效率低(只有 6%)且造价高(357 美元/W)，缺乏商业应用价值。随着研究的不断深入，自从 1957 年苏联发射第一颗人造卫星，太阳能电池开始在太空飞行任务中担任重要角色，到 1969 年美国人登陆月球，太阳能电池的研究和发展达到巅峰。太阳能电池的应用也早已从军事、航天等特殊领域进入工业、农业、通信、家电等民用环节。

20 世纪 70 年代初期，中东地区爆发战争、石油禁运，使得工业国家的石油供应中断，造成能源危机，迫使人们不得不再度重视将太阳能电池应用于电力系统的可行性。

1990 年以后，人们开始将太阳能电池发电与民生用电结合，于是，市电并联型太阳能电池发电系统(grid-connected photovoltaic system)开始推广，并与传统的电力系统相连

表 1-3　太阳能电池器件及其应用发展

年份	成就
1839	法国科学家 E. Becquerel 博士发现"光电效应"
1876	W. G. Adams 和 R. E. Day 研究硒的光电效应
1883	Charles Fritts 博士，制成第一个硒太阳能电池，是通过硒晶圆片制作的
1904	Hallwachs 博士发现 Cu、Cu_2O 对光的敏感性
1930	已研发出 Cu、Cu_2O 新型光电电池
1932	Audobert 和 Stora 博士发现 CdS 光电现象
1940	pn 结理论的研究
1954	发明单晶硅太阳能电池(美国贝尔实验室)，转换效率为 4.5%；不久之后，转换效率达到 6.0%
1955	发明 CdS 太阳能电池
1956	发明 GaAs 太阳能电池
1958	在"先驱者 1 号"通信卫星上应用太阳能电池，能量转换效率为 9%
1963	日本装设 242W 光伏模块阵列太阳能电池及其系统(世界最大)
1972	美国制订"新能源开发计划"
1974	日本制订太阳能发电发展的"阳光计划"
1976	Carlson 和 Wronski 博士发明第一个非晶硅(a-Si)太阳能电池
1978	日本推动"月光计划"，继续开展太阳能电池器件及系统研发
1984	美国建成 7MW 太阳能发电站
1985	日本建成 1MW 太阳能发电站
1986	ARCO Solar 发布 G-4000(世界首例商用薄膜电池)动力组件
1991	世界太阳能电池年产量超过 55.3MW；瑞士 Grätzel 教授研制纳米电池
1992	TiO_2 染料敏化太阳能电池效率达到 7%
1994	欧、美、日等国家和地区，推动为太阳能光电发电系统设置补助奖励
2000	住宅用太阳光发电系统技术规程(日本)
2001	开发出可与建筑材料一体化的太阳能电池器件及太阳能光电发电系统(称建材一体化太阳能光电发电系统)
2002	伊拉克战争，引发石油售价上升，唤起人类对可再生能源以及太阳能电池研发的重视
2009	日本发布 5 代面板的结晶硅薄膜太阳能电池，效率可达 12%以上

接，通过从这两种方式取得电力，除了减少尖峰用电的负荷外，剩余的电力还可储存或回售给电力公司。这一发电系统的建立可以舒缓筹建大型发电厂的压力，避免土地征收困难以及对环境的破坏。

根据 NREL 于 2019 年 11 月发布的已认证国际太阳能电池最佳效率的发展情况可知，截至 2018 年，各种太阳能电池的最佳认证能量转换效率如下：(工作温度：25℃；标准光照条件：AM1.5G；器件有效面积大于或接近 $1cm^2$)结晶硅太阳能电池的最佳效率为 26.2%～27.2%，薄膜太阳能电池中 CIGS 的最佳效率为 21.2%～22.2%。虽然对太阳能电池而言，转换效率应越高越好，但效率高并不是使用者的唯一考虑，每瓦的价格也是影响使用者选用太阳能电池的重要选项。提高转换效率的同时降低价格才能进一步推动太阳能电池的广泛应用。

2. 太阳能电池的基础知识结构

太阳能电池技术是一门跨领域的学科，图 1-8 所示为太阳能电池技术知识间的关联性，其技术知识领域包含以下几方面。

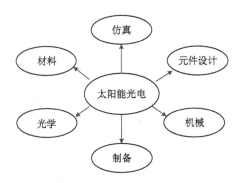

图 1-8　太阳能电池技术知识间的关联性

(1) 电子：PN 结、器件结构设计与仿真。

(2) 光电：防反射层、透明导电膜、集光器等设计。

(3) 材料：各种半导体、陶瓷、高分子或金属等材料的物理与化学特性。

(4) 制备：镀膜技术与封装技术。

(5) 机械：生产设备、器件的热、应力等设计。

由于公司在完成新技术研发后，一般情况下不发表成论文，而是会先申请专利，因此专利资料包含了世界上 90%～95% 的研发成果，若能充分利用有效的专利资讯，不但可缩短 60% 的研发时间，更可节省将近 40% 的研究经费。专利资料在所有技术资料中，是唯一同时结合技术与法律的文件。在专利文献中，我们可以了解许多优秀的研究人员在太阳能电池领域的最新发明，同时也可以为我们提供新的研究思路。因此，充分利用专利工具可以加快太阳能电池知识的学习。

1.6　世界主要国家和地区对太阳能电池的补助政策

由于目前太阳能电池的制备成本较高，其推广仍需政府的政策协助。美国、欧洲及日本先后制订太阳能发展计划，由政府负责提供部分研究开发资金和相关的产业扶持政策。目前，在美国、日本和以色列等国家，已经大量使用太阳能装置，不断地朝商业化目标前进。

美国于 1983 年在加利福尼亚州建立世界上最大的太阳能电厂，它的发电量高达16MW。截至 2019 年 4 月，华盛顿特区和 20 个州已经采用了社区太阳能政策，康涅狄格州和新泽西州于 2018 年颁布了立法，犹他州、内华达州和南卡罗来纳州于 2019 年颁布了立法以鼓励社区太阳能发展。2019 年上半年，美国光伏装机已达到 4.8GW。南非、博茨瓦纳、纳米比亚和非洲南部的其他国家也设立专案，鼓励偏远的乡村地区安装低成本的太阳能电池发电系统。

推行太阳能发电最积极的国家是日本。日本于 1994 年实施补助奖励办法，推广每户 3000W 的"市电并联型太阳光电能系统"。在第一年，政府补助 49%的经费，以后的补助再逐年递减。"市电并联型太阳光电能系统"是在日照充足的时候，由太阳能电池提供电能给自家的负载，若有多余的电力则另行储存。当发电量不足或者不发电的时候，所需要的电力再由电力公司提供。到 1996 年，日本有 2600 户装置太阳能发电系统，装设总容量已经有 8MW。一年后，已经有 9400 户装置，装设的总容量已达到了 32MW。近年来，由于环保意识的高涨和政府补助金的制度，日本住家用太阳能电池的需求量也在急速增加。日本相关企业不断扩大太阳能电池生产规模，到 2020 年日本制太阳能电池在全球市场的占有率已提高至 33%。

在中国，太阳能发电产业也得到政府的大力鼓励和资助。2009 年 3 月，财政部宣布拟对太阳能光电建筑等大型太阳能工程进行补贴。2012 年 2 月 24 日，工业和信息化部发布了《太阳能光伏产业"十二五"发展规划》，以促进太阳能产业可持续发展。该规划的提出对于太阳能光伏企业市场是一个极大的刺激，也将引领光伏企业走上快速发展的轨道。该规划将晶硅电池、薄膜电池、高效聚光太阳能电池列为"十二五"期间的发展重点。中国在全球太阳能电池领域的市场份额从 2005 年的 7%提高至 2012 年的 61%。2015 年，中国、德国和日本的太阳能发电能力相差不大。2016 年底全球新安装太阳能装置 75GW，其中 34.5GW 来自中国。2018 年，我国光伏制造业仍快速发展，截至 2018 年底，多晶硅产量达到 25 万吨，同比增长 3.3%；硅片产量达到 109.2GW，同比增长 19.1%；电池片产量达到 87.2 GW。

第2章 太阳能电池的基本原理、损失与测定

2.1 太阳能电池的基本原理

1. 太阳光谱的基本特性

太阳光辐射是一种电磁波。图 2-1 所示为太阳光谱图，主要能量的波长从深紫外线（约 200nm）到远红外线（约 2500nm）。在太阳辐射光谱中，长波长的太阳能光波是由于太阳黑子活动所造成的，其热力学温度约 6000K，而地表是以接近 5700K 温度的黑体辐射光谱来表示。以太阳能表面所释放出来的能量来说，换算成电力大约为 3.8×10^{23}kW。

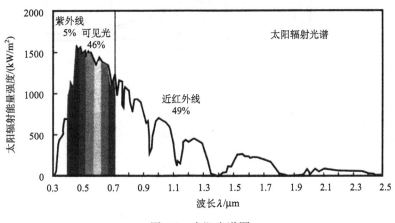

图 2-1 太阳光谱图

太阳辐射能量在太空经过 1.5×10^9km 的距离传送到达地球的大气层时，其辐射密度约为 1.4kW/m²，这就是所谓的太阳常数（solar constant）。该数值是使用外层空间人造卫星所测得的实际值。然而，实际上抵达地球表面的太阳光线，随着照射面的纬度、环境位置、时间、气象状况与季节的不同而改变。

空气质量（air mass，AM）是指通过大气层的空气质量，如图 2-2 所示，其基准是以大气层外光线没有透过的空气质量作为 AM0；而天顶垂直入射的透过空气量为 AM1。定义空气质量数值如式（2-1）所示。

$$空气质量AM = 1 / \cos\theta \tag{2-1}$$

式（2-1）中，θ 为太阳光照射到地球的方向与太阳光以垂直方向照射到地球所成的夹角。如图 2-3 所示，当太阳光实际照射到地球的方向与垂直方向的夹角约为 48.19° 时，$\cos\theta = \dfrac{2}{3}$，空气质量为 AM1.5，此时，太阳光实际照射到地球的距离和太阳光以垂直角度照射到地球的距离的比值达到 1.5。将经由太阳光直接照射与太阳光透过云层产生散射

两个部分的相加，作为在地球上测试太阳能电池所应用的光谱条件。

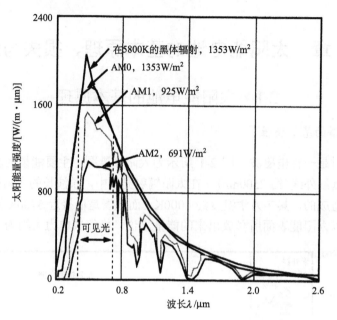

图 2-2　不同条件下的空气质量图

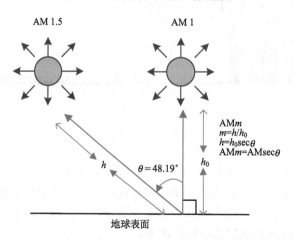

图 2-3　AM 数值的示意图，以 AM1.5 的入射角为例

2. 太阳能电池产生电力的基本原理

图 2-4 所示为太阳能电池的基本构造及其对应的发电原理。太阳能电池是一个 P 型半导体与 N 型半导体相结合形成的 PN 结二极管。在本征半导体中加入Ⅲ族元素(如硼元素)可形成 P 型半导体，加入Ⅴ族元素(如磷元素或砷元素)可形成 N 型半导体。将 P 型及 N 型两种半导体相结合后，形成 PN 结。在 P 型和 N 型半导体的接触面附近会出现由于多子浓度差导致的扩散现象，即空穴从 P 型半导体向 N 型半导体扩散，电子从 N 型半导体向 P 型半导体扩散。空穴和电子相遇后复合，载流子消失。因此，在 P 型和 N 型半

导体的界面附近会出现一个没有可移动载流子的空间区域，该区域只分布着固定不动的带电离子，称为空间电荷区(或耗尽区)。随着扩散运动的进行，空间电荷区不断加宽。空间电荷区的建立会产生内建电势(built in potential)，形成电场，方向是从 N 区指向 P 区。

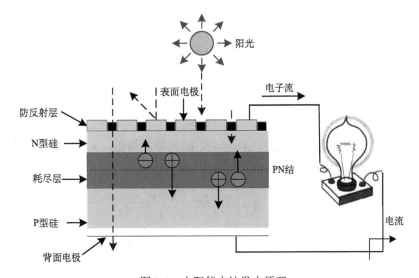

图 2-4　太阳能电池发电原理

(以硅晶片型太阳能电池为例，其中耗尽层的内建电场方向是由 N 区指向 P 区)

太阳能电池的发电原理简述如下。

(1)当太阳光照射在太阳能电池上时，太阳光能通过 P 型半导体及 N 型半导体产生自由电子(负极)及空穴(正极)。

(2)由于没有外加电源，由此所产生的自由电子及空穴受到 PN 结上的内建电场影响而分离并移动，其中自由电子移向 N 区的电极，而空穴移向 P 区的电极。

(3)移向 N 区电极的自由电子流向负载(灯泡)而形成电流，移向 P 区电极的空穴流向负载(灯泡)而形成电流。

由于太阳能电池在结构上是一个 P 型及 N 型两种半导体相结合的 PN 二极管，在不照光情况下，其理想的电压-电流曲线如图 2-5 所示。

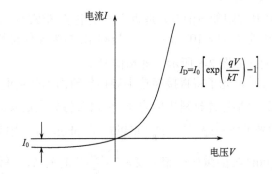

$$I_D = I_0 \left[\exp\left(\frac{qV}{kT} \right) - 1 \right]$$

图 2-5　在不照光时，太阳能电池的理想电压-电流曲线

3. 太阳能电池的暗特性

太阳能电池未受光照时的电流在不同偏压条件下，可以分为以下三部分：

(1)因正向偏压，空穴及电子注入形成主要载流子的注入电流(injection current)。

(2)在耗尽层由电子、空穴复合所产生的复合电流(recombination current)。

(3)由二极管或是电池边缘所泄漏的漏电流(leakage current)。

理想的二极管的电压-电流曲线中，PN 结正向偏压的电流 I_D 为

$$I_D = I_0\left(e^{\frac{qV}{kT}} - 1\right) \tag{2-2}$$

式中，I_0 为 PN 结的反向饱和电流；V 为 PN 结的外加偏压；k 为玻尔兹曼常量；T 为热力学温度。反向饱和电流 I_0 可写成：

$$I_0 = J_s \times A = \left(\frac{q^{D_p} p_{no}}{L_p} + \frac{q^{D_n} n_{no}}{L_n}\right) \times A \tag{2-3}$$

式中，A 为 PN 结面积；D_p、D_n 为空穴与电子的扩散系数；p_{no}、n_{no} 分别为在 N 区与 P 区的少数载子浓度；L_p、L_n 为空穴与电子的扩散长度。考虑到空穴与电子的寿命(Lifetime) τ_p 与 τ_n 时，扩散长度可写成下列两式：

$$L_n = \sqrt{D_n \tau_n} \tag{2-4}$$

$$L_p = \sqrt{D_p \tau_p} \tag{2-5}$$

由式(2-4)与式(2-5)可知，电子和空穴的扩散长度与其寿命的平方根成正比。将式(2-4)、式(2-5)代入式(2-3)，反向饱和电流密度(reverse saturation current density) J_s 可重写成：

$$J_s = I_0 / A = qn_i^2 \frac{1}{N_a}\sqrt{\frac{D_n}{\tau_{no}}} + \frac{1}{N_d}\sqrt{\frac{D_p}{\tau_{po}}} \tag{2-6}$$

式中，n_i 为本征浓度；N_a、N_d 分别为 P 区与 N 区的掺杂浓度。在未光照时，该反向饱和电流就是暗电流(dark current)。

事实上，太阳光照射太阳能电池时，是否会产生电子-空穴对，是由太阳光子的能量 $E_\gamma = h\nu$（h 是普朗克常量 $6.63 \times 10^{-34} J \cdot s$，$\nu$ 是频率）与半导体材料带隙(band gap) E_g(eV)的相对大小决定的，如图 2-6 所示，理想情况下：

(1)当 $E_\gamma = h\nu < E_g$ 时，光子将直接穿透半导体材料而不产生电子-空穴对。

(2)当 $E_\gamma = h\nu \geqslant E_g$，半导体材料中的电子-空穴对将吸收足够的能量而分离。

(3)比带隙多出的光子能量差 $\left(E_\gamma - E_g\right)$ 将以声子(phonon)，也就是热的方式释放掉。

由于电磁波长 λ(nm)与能量(eV)满足 $\lambda = \dfrac{1240\mathrm{nm}}{E}$ 的关系，举例来说，典型结晶硅的带隙在 1.1eV，换算其吸收波长约为 1100nm(1240nm/1.1)的光子，因此波长大于 1100nm

的光子(红外线部分)直接穿透半导体材料而不产生电子-空穴对。然而,波长小于 1100nm 的光子虽然被吸收,但短波部分,如 600nm(光子能量约 2eV)的光子提供 1.1eV 的能量给结晶硅材料,会将多余的 0.9eV 能量以热能形式散失掉。散失掉的热能会造成结晶硅材料温度上升,带隙变窄,进而影响转换效率。

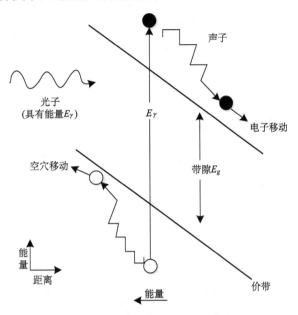

图 2-6　光子能量与半导体材料的带隙作用

4. 太阳能电池的光特性

前面提及,在 PN 结上,即使结为零偏压时,仍有耗尽层,存在内建电势及电场。参考图 2-6,在吸收光子能量 $\left(E_\lambda = h\nu \geq E_g\right)$ 时,电子由价带(valence band,VB)跃迁到导带(conduction band,CB)而产生电子-空穴对。电子-空穴对受到内建电场的牵引,空穴沿电场方向移动至 P 区的电极,电子则朝电场反方向移动至 N 区的电极,并产生光电流(photo current) I_{ph}。

半导体吸收能量 $E = h\nu$ 后,电子-空穴对的生成比例(generation rate) $g(x)$ 为

$$g(x) = \frac{\alpha I_V(x)}{h\nu} \tag{2-7}$$

式中, $g(x)$ 单位为 $1/(\text{cm}^3 \cdot \text{s})$,即每秒在 1cm^3 单位体积中所产生的电子-空穴对数; α 为半导体的光吸收系数; $I_V(x)$ 为每秒在 1cm^3 体积所吸收的能量; $\dfrac{\alpha I_V(x)}{h\nu}$ 表示光子通量(intensity)。式(2-7)说明光吸收系数越大,电子-空穴对生成比例越高。

设在 N 型区域每秒所产生的空穴数量的扩散长度为 L_n,则 N 型区域内所产生的光电流为

$$I_{ph} = qAL_n g(x) \tag{2-8}$$

式中，A 为 PN 结的面积。同理，位于 P 型区中的电子及耗尽层 W 中的载流子所产生的光电流为

$$I_{\mathrm{ph}} = qAL_pg(x) \tag{2-9}$$

$$I_{\mathrm{ph}} = qAWg(x) \tag{2-10}$$

由式(2-8)～式(2-10)可知，接收到光子的 PN 结所产生的总光电流为

$$I_{\mathrm{ph}} = qAg(x)(L_p + L_n + W) \tag{2-11}$$

在光照条件下，太阳能电池产生一个反向的光电流 I_{ph}，其电压-电流曲线如图 2-7 所示。该反向的光电流 I_{ph} 通过外部负载形成偏压，而该偏压会对太阳能电池产生正向偏压，因此其电压-电流曲线类似暗态的电压-电流曲线。

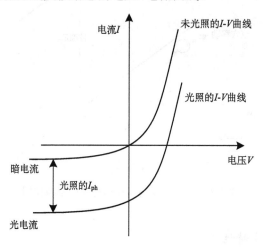

图 2-7　光照条件下太阳能电池所产生光电流的电压-电流曲线

2.2　太阳能电池的效率损失

表 2-1 简单介绍了目前经典太阳能电池的理论限制效率(theoretical efficiency limit)，以及研究阶段的实验效率值与商业量产的模块效率值。如表 2-1 所示，目前实验级效率及理论效率都有改善的空间。要知道如何提升太阳能电池的转换效率，应先了解太阳能电池的效率为何有一定的限制，才能尽量减少太阳能的损失。

表 2-1　经典太阳能电池材料的转换效率

太阳能电池材料	理论限制效率/%	实验级效率/%	商业级效率/%
单晶硅	28	17	14～17
多晶硅	20	14	11～18
非晶硅	15	7～10	5～7
III-V族(GaAs、InP 等)	35	25～35	22
II-VI族(CdS、CdTe 等)	17～18	15.8	10～12

1. 太阳能电池效率的损失原因

图 2-8 说明了太阳能电池效率损失的一些主要原因。设入射到太阳能电池的光为 100%，损失来源可分为以下 5 种。

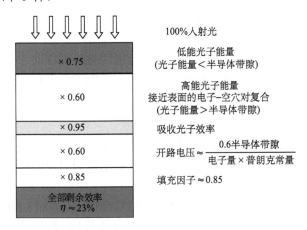

图 2-8　太阳能电池效率损失的主要来源

1）低能光子能量损失

当光子能量 $E_\gamma = h\nu$ 小于半导体的带隙 E_g 时，光子将直接穿透半导体材料，不被吸收也不产生电子-空穴对，该部分光的能量约损失了 26%。

2）高能光子能量损失

当光子能量 $E_\gamma = h\nu$ 大于或等于半导体的带隙 E_g 时，光子将被半导体材料吸收，而光子大于半导体带隙的能量 $(E_\gamma - E_g)$ 将以热的形式释放出来，该部分光的能量约损失了 40%。

3）吸收效率与反射损失

并非所有的半导体材料对光都有相同的吸收能力，图 2-9 所示为典型的光电半导体材料的光吸收系数。光吸收系数较大的半导体材料以较薄的厚度所吸收到的光子量与光

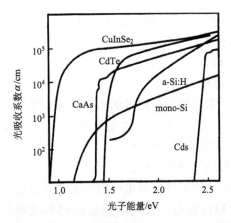

图 2-9　典型的光电半导体材料的光吸收系数

吸收系数较小的半导体材料以较厚的厚度所吸收到的光子量相同。入射的光子虽属于有效光，但却会因为表面反射造成反射损失(reflection loss)。表面反射的原因是：

(1)所在电极表面的直接反射。

(2)半导体材料与空气折射率不同造成的反射。

该部分光的能量损失为 5%～7%。

4)开路电压的损失

光线所生成的载流子在 PN 结中因空间电荷区的电场而移动，使得电荷两极化，并产生电压。在 PN 结中，由掺杂不纯物浓度确定的扩散电势所释放的电力无法被利用，称为电压因子损失，约为 40%。

5)填充因子的损失

填充因子(fill factor，FF)的损失包括以下三方面：

(1)光生电子-空穴对在太阳能电池表面或背面电极的边界的悬键所造成的表面复合损失(surface recombination loss)。

(2)在太阳能电池材料内部的电子-空穴对的复合损失(bulk recombination loss)。

(3)太阳能电池给外部负载供电时，当电流流过半导体、材料结合面以及电极的电阻时所产生的以焦耳热形式释放的串联电阻损失(series resistance loss)。这部分的总能量损失约为 15%。

对于不同半导体材料与结构的太阳能电池，上述 5 种损失的比例不完全相同，但是其趋势是大致相同的。将以上 5 种损失去除，将每个阶段的光子能量相乘便可以知道一个典型太阳能电池的理论限制效率。

2. 减少太阳能电池效率损失的方法

理解太阳能电池效率的损失原因，通过减少这些损失来提高转换效率是太阳能电池技术的研发重点。由图 2-8 可知，造成目前太阳能电池转换效率不高的主要原因在于"低能光子能量"与"高能光子能量"的损失，两者将太阳能电池的理论限制效率限制到 40%左右。下面简单说明针对各损失机制的改善方法。

1)降低低能光子能量损失

采用低带隙的光电半导体材料，举例来说，典型结晶硅的带隙是 1.1eV，因此仅能吸收波长短于 1100nm 的光子。

2)降低高能光子能量损失

采用高带隙的光电半导体材料。

综合前述两点，采用多带隙半导体材料的组合可以有效提高不同能量光子的使用率。例如，采用非晶硅(1.8eV)与结晶硅(1.1eV)的叠层组合，可分段吸收更多的光子。

3)降低吸收效率与反射损失

(1)使用高光吸收系数的半导体材料。

(2)减少金属电极面积，可用透明导电电极来取代部分金属电极。

(3)增加材料的表面粗糙程度，使用防反射层材料来降低表面反射所造成的反射损失。

4) 降低开路电压损失

调整掺杂不纯物的浓度与原材料的费米能级位置。

5) 降低填充因子损失

(1) 在太阳能电池表面或背面电极的边界使用表面钝化层(passivation layer)来减少悬键。

(2) 使用高纯度(低杂质)的太阳能电池材料与较好的制备工艺来减少器件内部的电子-空穴对复合。

(3) 使用良导体作为电极,并采用完善的电极结构设计,减小串联电阻。

3. 量子效率

对许多光电转换器件(如发光二极管或太阳能电池)来说,量子效率(quantum efficiency)用来衡量电子/空穴能量转换为光子或光子能量转换成电子/空穴的效率。量子效率可分为外部量子效率(external quantum efficiency,EQE)及内部量子效率(internal quantum efficiency,IQE)。

1) 外部量子效率

外部量子效率定义为在给定波长光线照射条件下,器件所能收集并输出的光电流最大电子数目与入射光子数目的比值,如式(2-12)所示。该式反映出波长函数对应到光子的损耗,以及载流子复合损失的效应。

$$
\begin{aligned}
\mathrm{EQE}(\lambda) &= \frac{\text{最大可收集的电子数目}}{\text{给定波长的入射光子数目}} \\
&= \frac{\text{最大可产生的光电流 / 电子电荷}}{\text{给定波长入射光子功率 / 光子能量}} \\
&= \frac{I_{\mathrm{sc}}(\lambda)/q}{P_{\mathrm{inc}}(\lambda)/E_{\mathrm{ph}}(\lambda)}
\end{aligned} \tag{2-12}
$$

2) 内部量子效率

内部量子效率定义为在给定波长光线照射条件下,器件所能收集并输出的光电流的最大电子数目与所吸收光子数目的比值,如式(2-13)所示。该式反映出载流子复合损失的效应。

$$
\begin{aligned}
\mathrm{IQE}(\lambda) &= \frac{\text{最大可收集的电子数目}}{\text{给定波长的入射光子数目}} \\
&= \frac{\text{最大可产生的光电流 / 电子电荷}}{\text{给定波长吸收率} \times \text{给定波长入射光子功率 / 光子能量}} \\
&= \frac{I_{\mathrm{sc}}(\lambda)/q}{\mathrm{Abs}(\lambda)P_{\mathrm{inc}}(\lambda)/E_{\mathrm{ph}}(\lambda)} \\
&= \frac{\mathrm{EQE}(\lambda)}{1-R(\lambda)-T(\lambda)}
\end{aligned} \tag{2-13}
$$

式中,$\mathrm{Abs}(\lambda)$、$R(\lambda)$、$T(\lambda)$ 分别表示给定波长吸收率、反射率及透过率。

根据本节的说明可知，影响太阳能电池转换效率的主要原因在于光吸收层的半导体材料的选择。由于半导体材料的吸收光谱特性与带隙大小均不相同，在选择半导体材料时，其转换效率的最高理论值便已经大致决定，而不是最优化的制备与结构设计又会导致器件转换效率的进一步降低。

2.3　太阳能电池的电性参数

2.1 节提到，由于太阳能电池基本上是一个 P 型及 N 型半导体相结合的 PN 结二极管。在光照条件下，太阳能电池产生了一个反向的大光电流 I_{ph}，如图 2-7 所示。图 2-10 说明了太阳能电池在未光照及光照条件下的电压-电流特性，及其对应的电性参数。

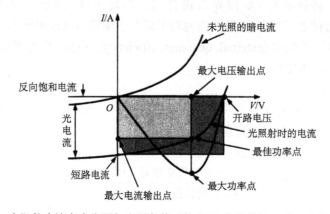

图 2-10　太阳能电池在未光照与光照条件下的电压-电流特性及其对应的电性参数

1. 短路电流

在没有外加偏压时，光电流流向 PN 结的反向偏压方向，而太阳能电池的净电流也流向反向偏压方向。在负载电阻为零时，太阳能电池处于短路状态，这种情况下的电流称为短路电流(short circuit current，I_{sc})，即

$$I = I_{sc} = I_{ph} \tag{2-14}$$

I_{sc} 即短路光电流，另一种常见的写法是将 I_{sc} 除以器件的面积得到短路光电流密度 J_{sc}，以去除面积因素。

2. 开路电压

加上负载后，即负载电阻为有限值时，电流对负载器件施加电压，该电压同时对太阳能电池产生正向偏压作用，此时空间电荷区的电场强度会下降，但不会为零或是改变方向。此时，电池输出电流 I 等于光电流 I_{ph} 减去电池正偏电流 I_{D}，即 $I = I_{ph} - I_{D}$。

当负载电阻无限大，其净电流为零时，所产生的电压即开路电压(open circuit voltage，V_{oc})：

$$I = 0 = I_{sc} - I_0 \left(e^{\frac{qV_{oc}}{kT}} - 1 \right) \tag{2-15}$$

式中，I_0 为 PN 结的反向饱和电流；k 为玻尔兹曼常量；T 为热力学温度。

由式(2-15)可知，开路电压 V_{oc} 可表示成：

$$V_{oc} = \frac{kT}{q} \ln \left(\frac{I_{ph}}{I_0} + 1 \right) \tag{2-16}$$

由式(2-16)可以理解，一个好的太阳能电池的光吸收层需具备很好的光/暗电流比值 (I_{ph}/I_0)，以得到其应有的开路电压。当光吸收层材料有许多缺陷或杂质时，常会造成其光/暗电流比值降低，而无法得到适当的开路电压值。

3. 填充因子与转换效率

参考图 2-10，最大功率点 P_{max} 定义为最大电压输出点 (V_{max}) 与最大电流输出点 (I_{max}) 的乘积。两点所围成的面积为

$$P_{max} = V_{max} I_{max} = V_{max} \cdot \left[I_{sc} - I_0 \left(e^{\frac{qV_{oc}}{kT}} - 1 \right) \right] \tag{2-17}$$

要找到最大功率点 P_{max}，可以电压 V_{max} 为变量，将式(2-17)微分得到

$$\frac{dP}{dV} = 0 = I_{sc} - I_0 = \left(e^{\frac{qV_{max}}{kT}} - 1 \right) - I_0 V_{max} e^{\frac{qV}{kT}} e^{\frac{qV_{max}}{kT}} \tag{2-18}$$

令式(2-17)的值为零，可以得到最大输出电流 I_{max} 为

$$I_{max} = \frac{(I_{sc} + I_0) \left(\dfrac{qV_{max}}{kT} \right)}{1 + \dfrac{qV_{max}}{kT}} \tag{2-19}$$

且最大电压为

$$V_{max} = \left(1 + \frac{qV_{max}}{kT} \right) e^{\frac{qV_{max}}{kT}} \tag{2-20}$$

在得到最大电压输出点 (V_{max}) 与最大电流输出点 (I_{max}) 后，可以定义一个新的参数——填充因子(fill factor，FF)，该参数用来表示最大功率点 P_{max} 与 $V_{oc} \cdot I_{sc}$ 的比值：

$$FF = \frac{P_{max}}{V_{oc} \cdot I_{sc}} = \frac{V_{max} \cdot I_{max}}{V_{oc} \cdot I_{sc}} \tag{2-21}$$

填充因子 FF 的数值会因太阳能电池种类的不同而不同，但一般为 0.5～0.85。这个参数的意义说明：当太阳能电池的电压-电流曲线越接近理想的二极管，即电压-电流曲线越接近直角时，FF 的值越高。

求得最大负荷点 P_{max}、V_{oc}、I_{sc} 及 FF 就可得到太阳能电池的能源转换效率(energy conversion efficiency) η_e。按照国际电力规格委员会的规定，对于地面上采用的太阳能电

池效率用 η_e 表示，其定义为太阳辐射的空气质量在 AM1.5 及 25℃时，入射光强度 P_{in} 为 100mW/cm^2，改变负荷条件所得到的最大输出功率的比值：

$$\eta_e = \frac{V_{max} \times I_{max}}{P_{in}} \times 100\% = \frac{V_{oc} \cdot J_{sc} \cdot FF}{100} \times 100\% \tag{2-22}$$

从式 (2-22) 来看，要想提高太阳能电池的转换效率就必须设法提高太阳能电池的开路电压 V_{oc}、短路电流 I_{sc} 及填充因子 FF。而 V_{oc}、I_{sc} 及 FF 的值反映出太阳能电池的半导体材料、电池结构与工艺是否最佳。

虽然实际的太阳能电池的电压-电流特性在第四象限，但为了方便观看，在测量时，太阳能电池的电压-电流特性会反转在第一象限，如图 2-11 所示。

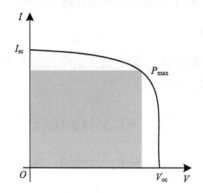

图 2-11　太阳能电池测量时显示的电压-电流特性

2.4　太阳能电池的等效电路

设计电子电路时，器件模型的建立是非常重要的。太阳能电池作为一个光电转换器件，并向负载输出功率，所以必须考虑其等效电路。可以事先通过模型仿真在不同应用情况下太阳能电池的输出特性。

1. 理想太阳能电池的等效电路

理想 PN 结太阳能电池的等效电路如图 2-12 所示。在该电路中，太阳能电池用理想 PN 结的二极管来表示，这个二极管的电压-电流特性如式 (2-2) 所示。由于只要光照射到太阳能电池，该电池就会源源不断地产生电流，因此，光照产生的电流用一个电流源 I_{ph} 来表示，该电流的输出并非定值，而是受到光照条件与器件特性影响。外部无论接上多少负载，都用 R_L 表示。当外部接上负载时，该电路形成一个电流回路。在太阳照射条件下，太阳能电池所产生的电流为外加负载提供电流，其中 I_{ph} 为太阳光照射产生的电流；I_D 为 PN 结太阳能电池的正向注入电流；V_D 为偏压在太阳能电池上的电压；而 V 与 I 分别表示作用在负载的电压与电流。

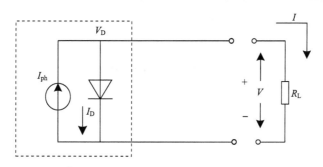

图 2-12　理想 PN 结太阳能电池的等效电路图

2. 考虑到串联电阻及并联电阻的等效电路

实际上太阳能电池内还必须考虑串联电阻(series resistance)R_s 及并联电阻(shunt resistance)R_{sh} 效应带来的影响。

（1）串联电阻(R_s)。

如图 2-13 所示，串联电阻(R_s)的组成包含：

①R_1+R_3：金属与半导体的接触电阻。

②R_2：半导体层电阻。

③R_4+R_5：正面输出到外部的导电电极电阻。

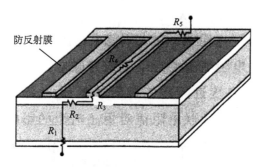

图 2-13　太阳能电池结构中串联电阻的来源

因此，要想减小串联电阻，必须设法减小串联电阻的每一个组成成分。例如，采用高导电率的金属导体材料可以有效地减小 R_4 与 R_5 值。通常，金属导体材料是通过印刷或镀膜的方式制作在器件表面，因此制备条件也会影响金属导体材料的导电性 D。例如，烧结温度非最佳时，金属导体材料浆料未被完全去除，则会增加导体电极的整体电阻率。一般，可实际应用的太阳能电池其串联电阻约为 0.5Ω。

（2）并联电阻(R_{sh})。

并联电阻主要来源于太阳能电池所使用的半导体材料自身，以及太阳能电池的组成结构，包括太阳能电池的 pn 结处、太阳能电池的边缘与表面缺陷、掺杂浓度以及因材料的缺陷等造成的载流子复合或捕捉等。

因此，实际太阳能电池的等效电路如图 2-14 所示，其输出的电流 I 表示为

$$I = I_{ph} - I_D - \frac{V + IR_s}{R_{sh}}$$

$$= I_{ph} - I_0 \left[e^{\frac{q(V + IR_s)}{nkT}} - 1 \right] - \frac{V + IR_s}{R_{sh}} \quad (n通常为1)$$

(2-23)

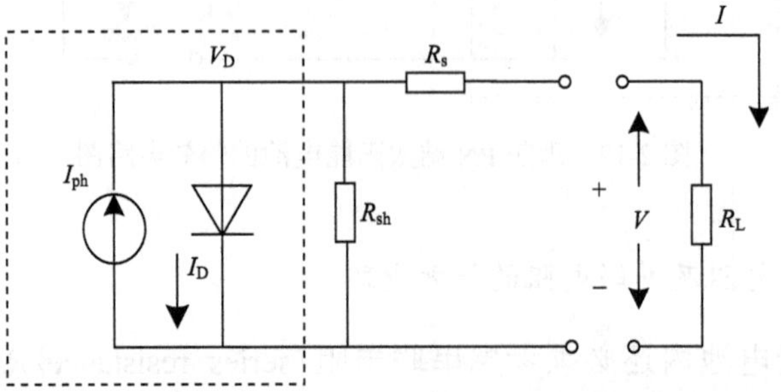

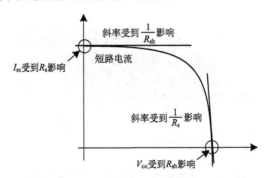

图 2-14　考虑器件其他影响因素的太阳能电池的等效电路图

　　串联电阻 R_s 与并联电阻 R_{sh} 对太阳能电池的电压-电流曲线会产生影响，如图 2-15 所示。串联电阻值越接近零或并联电阻值越接近无限大，太阳能电池的电压-电流曲线越接近理想二极管的电压-电流曲线，即 FF 值越接近 100%。接下来说明串联电阻值对短路电流的影响，以及并联电阻值对开路电压的影响。

图 2-15　串联电阻 R_s 与并联电阻 R_{sh} 对太阳能电池的电压-电流曲线的影响

3. 串联电阻(R_s)对电性的影响

　　假设并联电阻 R_{sh} 大到可以忽略，仅考虑串联电阻 R_s，如图 2-16 所示。太阳能电池输出的电流 I 可以表示为

$$I = I_{ph} - I_0 \left[e^{\frac{q(V + IR_s)}{nkT}} - 1 \right]$$

(2-24)

　　(1)令 $V = 0$，短路电流 I_{sc} 为

$$I_{sc} = I_{ph} - I_D = I_{ph} - I_0 \left(e^{\frac{qIR_s}{nkT}} - 1 \right)$$

(2-25)

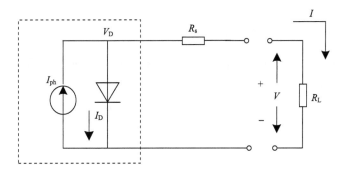

图 2-16 只考虑串联电阻的太阳能电池的等效电路图

(2)令 $I = 0$，则式(2-24)写成

$$0 = I_{ph} - I_0 \left(e^{\frac{qV_{oc}}{nkT}} - 1 \right) \tag{2-26}$$

因此得到开路电压 V_{oc} 为

$$V_{oc} = \frac{nkT}{q} \cdot \ln \left(\frac{I_{ph}}{I_0} + 1 \right) \tag{2-27}$$

在式(2-27)中，开路电压与串联电阻无关，即在不考虑并联电阻时，串联电阻的大小对开路电压没有影响。但由式(2-25)得知，串联电阻会影响短路电流及填充因子的大小。因此，利用数值分析的方式代入式(2-25)，可描绘出串联电阻对太阳能电池电压-电流特性的影响，如图 2-17 所示。显然当串联电阻增大时，短路电流会变小，而填充因子也将变小。实际上太阳能电池的串联电阻约为 0.5Ω，商业用模块为 $0.5\sim3\Omega$，而太空卫星用的太阳能电池的串联电阻多在 0.01Ω 以下，也就是说，串联电阻对太空卫星用的太阳能电池影响很小，除非太阳光照射强度很大，如在聚光型太阳能电池中，才会有明显的影响。

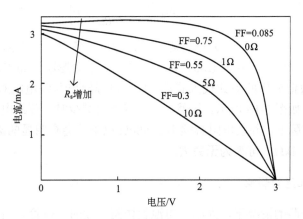

图 2-17 串联电阻对太阳能电池电压-电流曲线的影响

4. 并联电阻(R_{sh})对电性的影响

假设串联电阻R_s小到可以忽略，仅考虑并联电阻，如图 2-18 所示。太阳能电池输出的电流I可以表示为

$$I = I_{ph} - I_0\left(e^{\frac{qV}{nkT}} - 1\right) - \frac{V}{R_{sh}} \tag{2-28}$$

(1)令$V = 0$，短路电流I_{sc}为

$$I_{sc} = I_{ph} \tag{2-29}$$

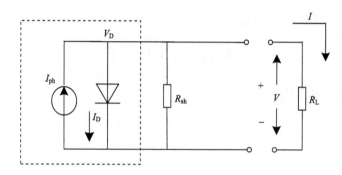

图 2-18　只考虑并联电阻的太阳能电池的等效电路图

(2)令$I = 0$，则式(2-28)可写成

$$0 = I_{ph} - I_0\left(e^{\frac{qV_{oc}}{nkT}} - 1\right) - \frac{V}{R_{sh}} \tag{2-30}$$

因此得到开路电压V_{oc}为

$$V_{oc} = \frac{nkT}{q}\ln\left(\frac{I_{ph}}{I_0} - \frac{V_{oc}}{I_0 R_{sh}} + 1\right) \tag{2-31}$$

在式(2-29)中，短路电流与并联电阻无关，即在不考虑串联电阻时，并联电阻的大小对短路电流没有影响。但由式(2-31)可知，并联电阻会影响开路电压及填充因子的大小。因此，利用数值分析的方式代入式(2-31)，可描绘出并联电阻对太阳能电池电压-电流特性的影响，如图 2-19 所示。显然，当并联电阻减少时，开路电压会变小，而填充因子也将变小。实际上，并联电阻必须小于 500Ω 以下才会有明显的影响。正常情形下，并联电阻一般大于 1kΩ，可视为无穷大。

5. 照度对电性能的影响

在完全没有光照的情况下，太阳能电池就如同一般的二极管。太阳光的照度大小，将影响太阳能电池器件的电压-电流特性。由图 2-20 可知，太阳能电池的电压-电流特性也随着光强度的不同而改变。随着光强度的变化，短路电流密度也明显地增加，光强度越弱，短路电流密度越小。一般而言，太阳能电池器件的效率必须在一个标准的阳光下

(1sun)测试，其日照量是 100mW/cm²(1kW/m²)。太阳能电池组件也是在一个标准的阳光下(1sun)使用，而特殊的太阳能电池组件通过反射镜组的设计，可以达到 100 个阳光的日照量，如聚光型太阳能电池模块可能在 100 个标准阳光，甚至 500 个标准阳光的日照量下照射。

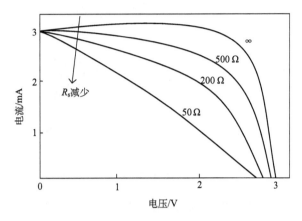

图 2-19　并联电阻对太阳能电池电压-电流的影响

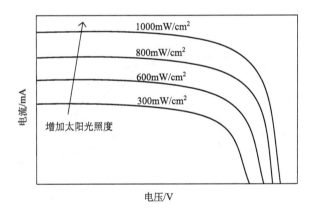

图 2-20　太阳光照度对太阳能电池电压-电流特性的影响

通常日照量的最大程度是 100mW/cm²(1kW/m²)，因此，在进行真实测量时，一个标准太阳(1sun)的光强度矫正在 100mW/cm² 左右。太阳能电池对光电流的响应必须是线性的，这样才能够校正，若为非线性的情况，则无法校正。校正多使用短路电流密度校正法。

6. 温度对电性能的影响

一般而言，当环境温度上升时，短路电流有少许变动，因为温度上升将造成半导体材料的带隙变窄，导致暗电流上升而使得开路电压降低，进而影响太阳能电池的转换效率，如图 2-21 所示。因此，若入射光的能量不能顺利地转换成电能，将会转换成热能，而使得太阳能电池内部的温度上升。若要防止电池光电转换效率因为器件内部的温度升高而降低，这部分热能须被有效地释放掉。此外，根据温度规范为 25℃，受测的太阳能电池必须维持在 25℃±1℃，保证温度不会随着光照时间的变长而增加，从而造成测量不准确。

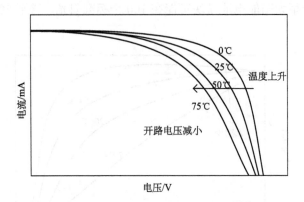

图 2-21　组件温度对太阳能电池电压-电流特性的影响

图 2-22 是非晶硅薄膜太阳能电池的输出特性随温度变化的一个实际例子。随着温度的上升，短路电流稍有上升，开路电压明显下降，整体的转换效率降低。

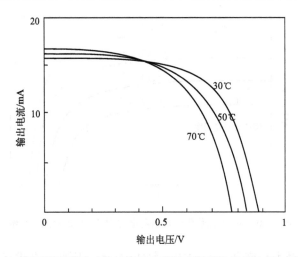

图 2-22　不同测试温度时单结非晶硅薄膜太阳能电池的电压-电流特性

7. 串联电阻(R_s)与并联电阻(R_{sh})的计算

1) 串联电阻(R_s)的计算

R_s 的计算可根据两组不同光强度照射所得到的 *I-V* 曲线求得，如图 2-23 所示。在两条曲线与 I_{sc} 相同差距 δI ($\delta I = I_{sc1} - I_1' = I_{sc2} - I_2'$) 处各取一点，其对应的值分别为 ($V_1'$, I_1') 和 (V_2', I_2')。由于一般制备优良的太阳能电池漏电流很小（R_{sh} 值大，并联电阻可以被忽略），将 δI 代入式(2-32)可得串联电阻 R_s：

$$R_s = \frac{V_1' - V_2'}{I_1' - I_2'} \tag{2-32}$$

2) 并联电阻（R_{sh}）的计算

太阳能电池在零电压的情况下就有电流输出。参考图 2-23，在 $V = 0$ 时，式(2-23)可以改写为

$$I = I_{sc} = I_{ph} - \frac{IR_s}{R_1} \tag{2-33}$$

邻近 $V = 0$ 的一点则可表示成：

$$I + \Delta I = I_{ph} - \frac{\Delta V + (1 + \Delta I) R_s}{R_{sh}} \tag{2-34}$$

且

$$\Delta I = \frac{\Delta V + \Delta I R_s}{R_{sh}}$$

由于太阳能电池特性在 $V \approx 0$ 处 $\Delta I R_s \ll \Delta V$，所以 R_{sh} 可表示为特性斜率的倒数：

$$R_{sh} = \frac{\Delta V}{\Delta I} \tag{2-35}$$

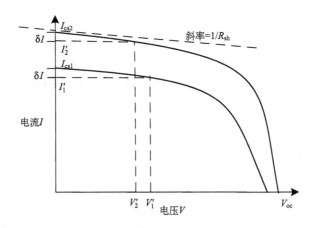

图 2-23　使用斜率测定法得到 R_s 与 R_{sh}

2.5　太阳能电池的测定环境

根据 IEC（International Electrotechnical Commission）的检测规范，太阳能电池器件或组件的测试环境为倾斜角度与水平成 48.19° 角、总照射光 1000W/m² (或 100mW/cm²)、周围温度 25℃、风速 1m/s。表 2-2 为用于太阳能电池的光源。理论上，测定太阳能电池需要利用太阳光来进行。然而自然的太阳光受地理环境、天气条件、季节及太阳出现位置等因素影响，使得入射角度与照度有所不同，无法利用太阳光来做标准的测试光源。为达到一致标准，目前评估太阳能电池效率多使用模拟太阳光的太阳光模拟器 (solar simulator)。但是太阳光模拟器的光谱对使用电路的性质、温度及照度特性也很敏感。因此本节首先介绍太阳光模拟器的种类，及其温度及照度的相关特性。

表 2-2　用于太阳能电池的光源

自然光(太阳光)	AM0	大气层(地球平均公转轨道上的太阳光)
	AM1	太阳正中(太阳在南面正中赤道海平面上时的垂直日照)
	AM1.5	一定的天顶角(设正中为 0°，太阳光的入射角为 48°时的日照)
	AM2	一定的天顶角(设正中为 0°，太阳光的入射角为 60°时的日照)
人工光源	荧光灯	日光色、白色等
	白炽灯	普通白炽灯、卤钨灯、A-D 光源等
	各种放电灯	水银灯、钠灯、氙灯(Xe 灯)等

1. 太阳光模拟器

模拟太阳光源(或称太阳光模拟器)可以使用类似氙灯及滤光镜这类的组合，包括短弧氙灯、反射镜、空气质量滤光器、积分器、石英透镜等装置，其工作原理如下。

(1)由氙灯发出的光经过反射镜(蒸镀铝的凹面镜)聚焦。

(2)通过空气质量滤光镜除去氙灯在 800～1000nm 的特有光谱，并使整个光谱接近 AM1 或 AM1.5 的太阳光。

(3)利用积分器和石英透镜形成面分布均匀的平行光，使得在测量平面上的太阳能电池受到均匀模拟太阳光的照射。

但是，由于模拟太阳光不可能得到与 AM1 或 AM1.5 一样标准的光谱，所以要准确地测量必须对光谱灵敏度进行控制。此外，在太阳光下进行测量时，强光照射引起太阳能电池本身的温度上升以及大的输出电流时，电路的串联电阻的影响会比较明显，需要进行校正。

测量用光源——太阳光模拟器，其光的强度用勒克司(lx)来表示。勒克司不是描述光的能量强度的单位，而是描述人眼感觉的亮度单位，所以不能直接代入计算公式求出转换效率。可以用功率计来测量光的光能。要准确测量较低的光能是比较困难的，且该情况下计算转换效率并无太大的实际意义，此时应该在一定照度与单位面积下测量太阳能电池的最大输出功率。

测量室内照明灯光下的太阳能电池特性时，需要注意的事项包含杂散光和测量仪器(电压表)的内阻。

(1)杂散光是指除去测量用光源以外的光，准确的测量必须在暗室进行，使杂散光的影响降到最低。

(2)电压表的内阻。由于测量时输出电流很小，如果测量仪器的内阻小，则有较多的电流损耗在测量仪器的内部，这在测量时也要注意。

因为太阳光模拟器虽接近自然太阳光的光源，但不完全符合，因此必须通过光学系统及光谱补偿滤波器来矫正，使其与地面上太阳光的基准光谱可以相比较。根据太阳光模拟器的偏差值、照射强度的均匀性与稳定性，可将其分为 A～C 级，如表 2-3 所示。

表 2-3　人工光源特性要求与对应的等级

性能	等级		
	Class A	Class B	Class C
与基准光谱的偏差	±25%	±40%	±60%
照射强度的均匀性	±2%	±5%	±10%
照射强度的稳定性	±2%	±5%	±10%

(1)定型光源(连续光源)太阳光模拟器。

目前常用的定型太阳光模拟器主要以短弧氙灯泡作为光源,其特征包括:

①色温为 6000K,与太阳表面温度(5762K)非常接近。

②亮度高,适用于光学装置,可得到平行性很好的光束。

但是氙灯也存在不足之处,主要是在近红外线光谱范围(800~1000nm)存在较强的发光线,为了抑制它,须使用补正过滤器。

使用色温与太阳温度相似的短弧氙灯是为了得到与自然太阳光接近的分光辐射分布,如图 2-24 所示。除了要使用能够消除近红外光波亮线的过滤器外,同时也需要有与大气透过特性等价的过滤器。

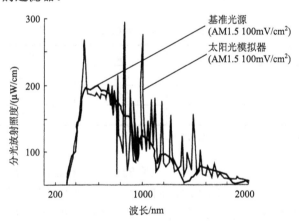

图 2-24　AM1.5 太阳光源及太阳光模拟器分光放射特性

(2)氙灯泡以外的太阳光模拟器。

卤素-钨丝灯泡可作为氙灯泡以外的太阳光模拟器。将溴(Br)或碘(I)等元素注入钨丝灯泡内以得到高温辐射,其最高温度仅能达到 3000~3400K,比太阳温度还要低,因此其光谱分布偏向于长波长,如图 2-25 所示。因此,这类光源不适合作为测试用的人工光源,通过将卤素灯泡挂上适当的 Dichroic 镜或是将卤化金属放入电灯内来调整发光光谱,可使卤素灯泡的分光辐射特性更接近太阳光源。

2. 温度测定

表 2-4 列出了单晶硅、多晶硅和非晶硅太阳能电池输出特性的温度系数。由表 2-4 可知,随着温度增加,电池开路电压明显变小而短路电流略微增大,导致太阳能电池整

体转换效率降低。因为单晶硅与多晶硅的带隙宽度相似，为 1.1～1.2eV，其转换效率的温度系数几乎相同。非晶硅的带隙较大，为 1.7～1.8eV，因而温度系数较低。

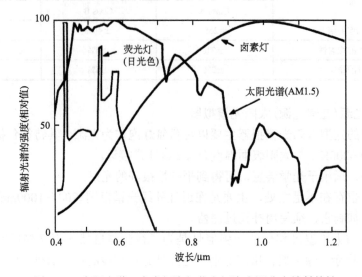

图 2-25　太阳光谱、卤素灯泡与荧光灯泡光源分光放射特性

表 2-4　太阳能电池输出特性温度系数实例(在一个太阳光下)

种类	V_{oc}	I_{sc}	FF	η_e
单晶硅太阳能电池	−0.32	0.09	−0.10	−0.33
多晶硅太阳能电池	−0.30	0.07	−0.10	−0.33
非晶硅太阳能电池	−0.36	0.10	0.03	−0.23

注：表中的数值表示温度变化1℃时温度系数的变化率，单位为(%/℃)。

　　在太阳能电池实际应用中，必须考虑到它的输出效率受到温度的影响。特别是室外使用的太阳能电池，由于太阳光的作用，太阳能电池在使用过程中温度可能会变得较高。在这方面，带隙大的材料做成的太阳能电池的温度效应要小于带隙窄的材料。图 2-26 所示为砷化镓与硅基太阳能电池在不同温度时对应的转换效率，因砷化镓(GaAs)太阳能电池的温度效应较小，有利于做成高聚光型太阳能电池。

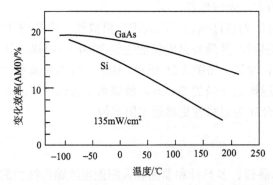

图 2-26　砷化镓与硅基太阳能电池在不同温度时的效率变化

3. 组件测定

1970 年之后，以国际电气标准协会 IEC 的 IECEE（IEC System of Conformity Assessment Schemes for Electrotechnical Equipment and Components）制定的标准规范作为太阳能电池组件测试的标准在国际上已有共识。各国实验室都会依据相同的标准进行检测实验，此标准规范可以让各单位的检测结果相互认可，组件生产厂通过其标准检验认证后即可获得全球的认可。因此，组件生产厂必须要让产品通过检测验证，才能够把产品销往全球各地。相反，没有通过验证的组件产品，将无法被市场认可。

检测硅晶片太阳能光电组件设计的 IEC 61215 包含以下检测项目：目视检查、最大功率的测定、绝缘测试、温度系数的测量、标称工作电池温度的测量、在标准测试环境下的性能、在低照射光下的性能、室外暴露测试、热斑耐久试验、紫外线（UV）前处理测试、热循环测试、湿冷冻测试、湿热测试、引线端强度测试、湿漏电流测试、机械负荷测试、冰雹测试及旁路二极管热测试。

第 3 章 外延晶体硅薄膜太阳能电池

3.1 概　　论

为了大幅度降低现有晶体硅太阳能电池的成本，需要减小典型太阳能电池结构中高纯硅的材料使用量。晶体硅太阳能电池中，多数晶体硅材料对太阳能电池只是作为机械载体，大部分的光吸收只发生在约 30μm 的区域内。当使用一定方法最大化陷光结构时，仅 0.5μm 的有源层厚度就足够实现 15% 的转换效率。使用更薄的硅片以减小 Si 的使用量是一个发展趋势，但是用厚度低于 200μm 的硅片生产电池，会出现较大的裂纹(crack)以及扩散问题使工艺的良率降低。为了避免这种问题的发生，发展了一些特殊衬底类型，如三晶硅(tri-crystalline silicon)材料和用很薄的边缘限制薄膜生长(edge-defined film-fed growth，EFG)的带硅(ribbon silicon)。

一个更有前景的减小太阳能电池成本的方法是在廉价的载体上生长很薄的晶体硅有源层。这样的载体可以是陶瓷衬底，甚至是玻璃衬底，制备时需要在低温下进行沉积和采用其他太阳能电池工艺(solar cell processing)。沉积在这些衬底顶部的 Si 层是微晶硅或多晶硅，晶粒尺寸由生长温度(growth temperature)和 Si 层沉积的过饱和(supersaturation)状态决定。对玻璃上的微晶硅薄膜太阳能电池，表现的晶粒尺寸在 1~100nm 范围时，报道的最高转换效率为 10%。另外，一些实验显示晶粒尺寸为 1~10nm 的材料较难制成高转换效率的太阳能电池，但目前该领域的最新研究又出现了一定进展。在可以承受高温的陶瓷衬底上，液相再结晶(liquid phase recrystallization)经常被用于增加晶粒尺寸的最终环节，而开发的激光再结晶(laser recrystallization)或快速热退火(Rapid Thermal Annealing，RTA)技术可用于在有限时间内承受高于 650℃高温的衬底上。

形成本章薄膜太阳能电池技术的核心思想是在低成本 Si 载体上外延生长(epitaxial growth)具有较高电学特性的晶体硅薄膜。薄膜太阳能电池技术并不特别关注基于高掺杂低成本 Si 载体衬底上外延生长有源层的晶体硅薄膜太阳能电池。如图 3-1 (a) 所示，由于薄膜太阳能电池结构与经典的晶体硅太阳能电池相似，这就使它的工艺与如今光伏产业通用的制造工艺相似，这一点是该技术的最大优势，但同时也是该技术的最大劣势。目前，95% 的光伏产业都基于晶体硅太阳能电池，结构的相似性将易于被现有光伏产业所接受。将该技术引入晶体硅光伏产业的主要改变只是在生产线中工艺流程(process flow)的开始处增加高生产速率(throughput) Si 外延沉积(epitaxial deposition)的反应腔(reactor 或 reaction chamber)，如图 3-1 (b) 所示。这样可以将外加投资和财务风险降到最低，而其他多数薄膜太阳能电池技术则需要对生产线进行巨额投资，成为其产业化的主要障碍。此外，运用晶体硅太阳能电池生产线中的在线式(on line)产品质量监控工具，硅片替代物的工艺良率可以达到较高的水平。对于其他薄膜太阳能电池技术，在大于 1m² 的大面积衬底上沉积有源层，实现均匀分布及实验再现性的难度较大，不容易达到晶体硅薄膜太阳能电池相似的良品率。

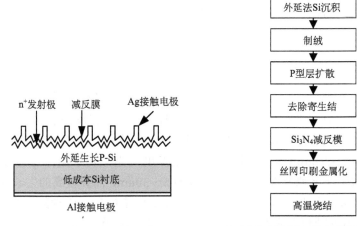

(a) 外延晶体硅薄膜太阳能电池的横截面结构　　　(b) 外延晶体硅薄膜太阳能电池生产工艺流程

图 3-1　外延晶体硅薄膜太阳能电池的结构和工艺

比较外延晶体硅薄膜太阳能电池和晶体硅太阳能电池的典型工艺流程，不难看出，只需要把第一步外延沉积加入常规的晶体硅太阳能电池的生产工艺流程中。外延晶体硅薄膜太阳能电池使用低成本 Si 衬底，因为其掺杂和杂质(impurity 或 contaminant)水平不能在衬底中实现足够的太阳能电池转换效率。Si 衬底可以是高掺杂的带硅，如用化学气相沉积(chemical vapor deposition，CVD)或液相外延(liquid phase epitaxy，LPE)在衬底带硅(ribbon growth on substrate，RGS)上外延生长。MG-Si 或 UMG-Si 的铸锭(ingot)也可以作为外延晶体硅薄膜太阳能电池的 Si 衬底。

SILSO 是德国瓦克(Wacker Chemle Ag)早在 1975 年首先采用浇铸法制备的多晶硅衬底材料。在这些衬底顶部生长合适掺杂水平和较低缺陷密度的外延层(epitaxial layer)，可以得到性能较好的晶体硅薄膜太阳能电池。材料科学和表面科学中使用的二次离子质谱(secondary ion mass spectrometry，SIMS)可以分析固体表面和薄膜的成分，是灵敏度最高的表面分析技术。在 SIMS 中，将第一束聚焦离子束溅射到样品表面，收集并且分析出射的第二束离子束。根据第二束离子束质谱仪(mass spectrometer)可以确定表面的元素、同位素和分子成分。通过二次离子质谱分布 SIMS 可以观察到被污染衬底顶部的外延层包含了比衬底更低的杂质浓度(impurity density)，在两种情况下外延层中 Fe、O、C 杂质浓度均降低。

本章将从沉积技术和外延层结构的角度介绍外延晶体硅薄膜太阳能电池的技术细节。讨论太阳能电池工艺的发展，及其在实验室条件下或工业环境中实现更高转换效率的潜力，并特别关注外延晶体硅薄膜太阳能电池技术适用于商业化生产的方面。这不但包括高生产速率沉积技术和太阳能电池工艺修改的概念与发展，还涵盖了尽量降低外延层厚度的方法。这需要在电池的有效体积内增加光吸收和陷光作用。一般认为陷光作用是一个难题，因为衬底和有源层材料都是晶体硅，将大幅度减小光线在 Si 衬底和有源层界面的反射。基于掩埋反射镜(buried reflector)技术的新方法，可以在一定程度上解决这个固有问题，本章也将讨论实现掩埋反射镜的不同方法。此外，Ge 合金也是另一种增加太阳能电池光吸收的方法。

3.2　沉　积　技　术

本节将按照沉积温度(deposition temperature)顺序讨论不同的生长外延层沉积技术，由最高沉积温度讨论到最低沉积温度的技术。这种分类方法也反映了实验结果的数量和相关技术的成熟程度。一般情况下，晶体硅薄膜太阳能电池需要的外延层厚度远大于典型微电子器件(microelectronics)应用中的外延层厚度，当然功率器件(power device)例外。晶体硅薄膜太阳能电池要求的外延层厚度为 $5\sim30\mu m$，需要较高的生长速率(growth rate)以避免过多的沉积时间。在低沉积温度下，吸附原子(adatom)的表面迁移率(surface mobility)较小，吸附原子没有足够的时间弛豫到晶格位置，会增加结晶缺陷(crystallographic defect)的数量。因此，在较低的沉积温度，需要供应除了热能以外的其他的外加能量，以增加表面迁移率，实现高质量的外延生长。这些外加能量可以通过加速离子(accelerated ion)或等离子体技术供应。

1. 热辅助化学气相沉积

对于外延晶体硅薄膜太阳能电池，研究最广泛的沉积技术是热辅助化学气相沉积(thermally assisted chemical vapor deposition,TA-CVD)，其原理是 Si 前驱物和掺杂气体(doping gas 或 dopant gas)在加热的 Si 表面上发生热辅助的非均匀分解。自 20 世纪 70 年代开始，TA-CVD 被应用于太阳能电池制备，目前欧洲和日本也将该技术广泛地用于制备晶体硅薄膜太阳能电池。TA-CVD 有多种反应腔类型，包括分批式(batch type)和单一晶片系统(single wafer system)。单一晶片系统是横向的流动反应腔，气体从腔体(chamber)的一端引入，从另一端排出。如图 3-2 所示，晶片(wafer)平放在镀有 SiC 的石墨基座(graphite susceptor)上，在热隔绝(thermal insulation)条件下通过辐射加热。因为需要达到极端快速的加热速率和冷却速率，这样的技术也被称为快速热化学气相沉积(rapid thermal chemical vapor deposition, RT-CVD)。RT-CVD 在 20 世纪 80 年代被引入，位于法国斯特拉斯堡的固态电子学与系统研究所就专门研究这种技术，并将其应用于晶体硅薄膜太阳能电池的制备。RT-CVD 避免了 Si 沉积在低温的炉壁上，减小了加热和冷却衬底需要的时间，将所有的能量用以加热衬底，而不是加热炉壁。除了单一晶片系统，分批式的多晶片反应腔包括扁平反应腔(pancake reactor)和圆筒形反应腔(barrel reactor)，平面或圆柱形的衬底架(substrate holder)可以保证要求的均匀度和空气动力学条件(aerodynamic condition)，实现低压化学气相沉积(low pressure chemical vapor deposition, LPCVD)。

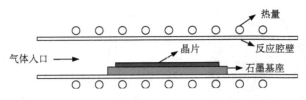

图 3-2　典型的横向热辅助化学气相沉积 TA-CVD 系统

CVD 技术的优势是微电子领域有大量的资深工艺专家。现有的外延沉积系统以及相应的工艺水平可以使有源层厚度和掺杂分布具有高度的可重复性和均匀度。对于边长 200～300mm 的大面积衬底，典型的掺杂均匀度（doping homogeneity 或 doping uniformity）和厚度均匀度（thickness homogeneity 或 thickness uniformity）都在数个百分点范围内。事实上，微电子应用的参数要求比光伏应用（photovoltaic application）严格得多，光伏应用的厚度均匀度和掺杂浓度均匀度仅要求在 10%以内。但是，使用 T-CVD 的晶体硅薄膜太阳能电池技术路线也有一些固有的劣势。首先，TA-CVD 使用的 Si 前驱物有毒，具有腐蚀性，还有较高的爆炸风险。而且，要保证每分钟几个微米数量级的高生长速率就需要沉积温度在 1000～2000℃范围。

CVD 生长外延层的电学特性通过寿命测量研究，单晶硅衬底的典型的少子寿命（minority carrier lifetime）在几微秒量级，多晶硅衬底的少子寿命在 $1\mu s$ 量级。

2. 液相外延和电镀

溶液生长（solution growth，SG）在机理上不同于化学气相沉积（CVD），SG 使用液体介质而不是气体环境作为前驱物来源，当 SG 应用于在晶体衬底上生长外延层时，也被称为液相外延（LPE）。在 SG 中，Si 的生长出于金属熔体（melt），典型金属熔体为 Sn 或 In，有时使用 Cu 或 Al。金属熔体含有饱和的 Si，随后被缓慢地冷却。当冷却到一定程度时，金属达到过饱和，晶体硅层将通过非均匀的成核从金属熔体沉积到衬底上。典型的沉积温度为 700～900℃，低于热辅助化学气相沉积（TA-CVD），而生长速率在 $1\mu m/min$ 量级。

LPE 技术的主要优势是生长系统接近于热平衡状态（thermal equilibrium），而且熔体中的 Si 原子表现出较大的扩散系数（diffusion coefficient），这两个因素都有助于改善生长 Si 薄膜的结晶质量。同时，接近热平衡状态的特性也有严重的负面影响，接近热平衡状态时，Si 原子在非硅衬底上成核或沿着 Si 表面缺陷成核非常困难，因此经常在衬底上形成含有相当数量结晶缺陷的非均匀 Si 层甚至非连续 Si 层。使用石墨等非硅衬底的情况下，解决这个问题的方法是用另一种技术先沉积一层 Si 籽晶层。使用 LPE 技术，基于在衬底上的带硅生长法（ribbon growth on a substrate，RGS）在衬底生长带硅，或基于粉末硅片生长法（silicon sheets from powder，SSP）在带硅上生长外延层时，如图 3-3 所示，由于缺陷相关的高能量压制了缺陷附近的外延层生长，晶界区域的外延层厚度通常比晶粒内的厚度小得多。在外延层特别薄的区域，n^+ 型发射极（emitter）发生扩散，与 p^+ 型衬底有直接的接触，形成漏电结（leaky junction），具有较低的填充因子。这种方法冷却速率（cooling rate）高，但是大面积沉积的均匀度仍然存在问题。

 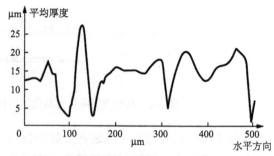

(a) 典型的带缺陷Si衬底上的LPE层表面形貌　　(b) 在结晶缺陷附近的LPE生长问题

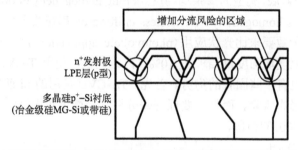

(c) 通过发射极扩散，这些区域容易发生n⁺型发射极和高掺杂衬底之间的分流

图 3-3　液相外延（LPE）制备有源层

　　因为 LPE 生长过程中过饱和程度较低，LPE 生长的外延层相比 CVD 生长的外延层有更低的缺陷密度和更少的过剩载流子复合。电子束诱导电流（electron beam induced current，EBIC）关于部分遮掩结构的图像证明了 LPE 外延层较小的复合率（recombination rate）。这是由于 LPE 生长倾向于达到最小的能量分布，减小了晶格的错位（dislocation）。因为液相和固相（solid phase）之间的分布系数，杂质也包含在融化金属溶液中。LPE 生长的外延晶体硅薄膜太阳能电池一般都可以达到 10μs 左右的少子寿命。

　　另一种 SG 是从盐溶液（molten salt）中电镀（electroplate）Si，也可以生长外延层，如图 3-4 所示。电镀是指利用电解在制件表面形成均匀、致密、结合良好的半导体、金属或合金沉积层的技术。

　　LPE 可以在有源层基极中实现原位（in situ）的掺杂梯度（doping gradient）。如果在生长过程中减少掺杂剂（dopant），掺杂梯度将形成正向电场（positive electric field）。正向电场促进少数载流子的收集，其结果可以增加有效扩散长度（effective diffusion length，L_{eff}）。虽然期望掺杂的梯度效应可以从根本上提高性能，但实际研究证明，在多数情况下性能的提高是非常有限的。只有在陷光结构有限和少子扩散长度较小的情况下材料性能的提高略微明显。有报道称，在外延层生长过程中加入掺杂元素形成反向电场（negative electric field）能够得到更高的转换效率，这样的观点与之前的结论存在矛盾，可以理解为光照下少数载流子浓度梯度较大，相对不受掺杂分布（doping profile）的影响，而结区（junction）高掺杂会引起较高的开路电压。

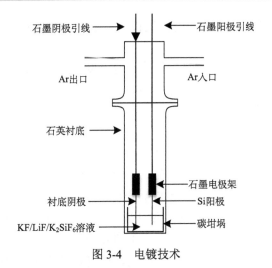

图 3-4 电镀技术

3. 近空间气相输运

作为另一种外延层制备技术，近空间气相输运（close space vapor transport，CSVT）具有较高的化学效率（chemical efficiency），化学效率指固体薄膜的 Si 生长量和 Si 供应量的比例。如图 3-5（a）所示的 CSVT 技术早在 20 世纪 60 年代就已经被人们所了解。在 CSVT 技术中，Si 从固体源（solid source）向衬底输运。Si 输运的驱动力来自固体源和衬底的温度差（temperature difference）。固体源和衬底之间的较小间隔形成了较大的输运效率，将腔壁上的 Si 损失降到最低。CSVT 技术可以将外延层沉积到高掺杂的单晶硅或多晶硅衬底上。

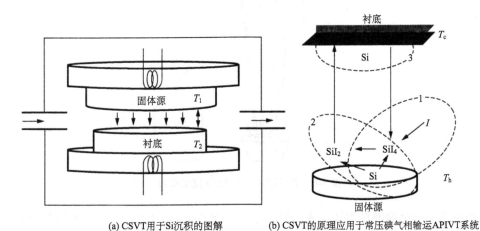

(a) CSVT 用于 Si 沉积的图解   (b) CSVT 的原理应用于常压碘气相输运 APIVT 系统

图 3-5 近空间气相运输 CSVT 示意图

实验室中，将 CSVT 原理应用于常压碘的气相运输（atmospheric pressure iodine vapor transport，APIVT），得到的外延层具有较好的电学特性，在衬底温度（substrate temperature）相对较低的条件下实现了较高的沉积速率（deposition rate）。通常情况下衬底温度为

650～850℃，固体源温度为 1300℃时，生长速率达到 1～3μm/min 的量级，而且该技术对衬底温度相对不敏感。

目前，已建立了数学模型来解释生长速率对温度的非典型依赖关系。模型考虑了 SiI_2 的到达速率(arrival rate)、SiI_4 的离开速率(departure rate)和表面迁移(surface migration)，得到了生长速率 R 的表达式：

$$R \propto (T - T_{source})(T_{source}^2 - T^2)e^{-\frac{Q}{k_B T}} \tag{3-1}$$

式中，T 是衬底温度；T_{source} 是固体源温度；Q 是表面迁移激活能(activation energy for surface migration)。模型中存在两个相反的趋势，使生长速率 R 对衬底温度 T 不敏感。对于经典的化学气相沉积 CVD 技术，物质迁移率更加依赖于衬底温度 T，表面迁移高则生长速率 R 会增加。但在 APIVT 中，由于固体源温度 T_{source} 不变，固体源和衬底的温度差较小，导致表面迁移不够频繁，使得到达速率和生长速率均有所减小。

4. 离子辅助沉积

如图 3-6 所示为离子辅助沉积(ion assisted deposition，IAD)图解，IAD 技术基于电子枪蒸发(electron gun evaporation，EGE)将 Si 部分离子化(partial ionization)。外加电压(external voltage 或 applied voltage)会加速 Si 离子向衬底的运动。典型的加速电压(acceleration voltage)为 20V，这时在单晶硅外延层上会产生最少的蚀刻坑(etch pit)。

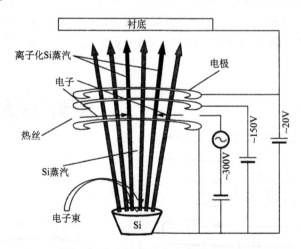

图 3-6　离子辅助沉积 IAD 技术图解

加速离子提供的能量增加了表面吸附原子的沉积速率。因此，IAD 技术的外延生长可以在 435℃ 的低温下实现 0.5μm/min 的高沉积速率。单晶外延层的霍尔迁移率(Hall mobility)随沉积温度递增，达到的数值相当于温度高于 540℃ 的晶体硅。IAD 生长 B 掺杂薄膜的多数载流子迁移率几乎达到掺杂浓度在 10^{16}～10^{20}cm^{-3} 范围的晶体硅的理论值。薄膜的电学特性强烈依赖于衬底的晶向(crystal orientation)。Si 薄膜(111)晶面的扩散长度最多比(100)晶面低一个数量级。

光束诱导电流技术(optical beam induced current，OBIC)是一种运用扫描激光束在半导体样品中产生诱导电流的半导体分析技术，收集并分析诱导电流可以获得代表样品特性的图像，从而能够探测和定位半导体样品中的缺陷或异常结构。采用 OBIC 技术测量多晶硅衬底上生长的外延层时，会出现电流不均匀的现象。光致发光(photoluminescence，PL)是物质吸收光子随后重新辐射光子的过程。深能级瞬态谱(deep level transient spectroscopy，DLTS)是研究电学激活缺陷的半导体有效测试工具，能够测定材料中的缺陷态密度和其他基本缺陷参数，这些参数是确定和分析相关缺陷的特征参数。采用 PL和 DLTS 测试表明，低于 500℃的低沉积温度会使材料产生较大的缺陷分布。但 Si 外延层(100)晶面的点缺陷密度最多比(111)晶面低 4 个数量级。使用温度依赖量子效率(temperature- dependent quantum efficiency，TQE)测量技术研究 IAD 生长的晶体硅薄膜太阳能电池复合特性，发现其扩散长度依赖的激活能会出现在 70~110eV 和 160~210eV的区间，浅能级缺陷(shallow defect)会引起肖克莱-里德-霍尔复合。在预热温度高于810℃且沉积温度高于 650℃的条件下，IAD 可以实现少子扩散长度为 40μm 的 Si 外延层。

5. 等离子体增强化学气相沉积和电子回旋共振化学气相沉积

除了加速离子，等离子体技术也可以提供外加能量，增加表面迁移率，用低温沉积方法实现高质量的外延生长。

通过低能量的等离子体增强化学气相沉积(plasma enhanced chemical vapor deposition，PECVD)，含有低能量离子的高电流等离子体放电可以产生较高的沉积速率，并保证晶片表面没有损伤。这种技术的一个主要应用方向是为金属氧化物半导体(metal oxide semiconductor，MOS)器件生长具有成分梯度的 SiGe 弛豫缓冲层(relaxed buffer layer)，PECVD 技术原则上也可以用于制备外延晶体硅薄膜太阳能电池。

电子回旋共振化学气相沉积(electron cyclotron resonance chemical vapor deposition，ECR-CVD)同样可以提供高浓度的等离子体，以大幅增加表面迁移率，使外延层的沉积温度低于 400℃。

3.3　增加外延层的光吸收

因为晶体硅具有间接带隙(indirect bandgap)，对于波长大于 900 nm 的光子吸收系数很小，20μm 厚的外延层不能有效地吸收较大波长的入射光。为了增加光吸收，需要修改外延层，具体方式包括生长特别结构的外延层以增加光程长度，以及与 Ge 形成合金减小带隙等。

1. 绒面衬底上的外延生长

在外延生长前运用化学方法在衬底上制绒(texturing)是第一种增加外延层的光吸收技术。这种技术存在一些缺点。如外延生长形成的小平面(facet)会使绒面(textured surface)结构变得平坦，从而减小绒面工艺的有效性。同时，由于外延生长前的表面已经相当粗糙，外延层的缺陷密度将会很高，导致最终很难实现较高的开路电压。

绒面也可以通过机械方法制备，机械方法比较直接。外延生长前在 Si 衬底上刻画凹槽(groove)，通过共形生长(conformal growth)使有源层中的光程长增加，如图 3-7(a)所示。有研究探讨了能使反射达到最小的凹槽结构。当把绒面技术应用于多晶硅衬底时，需要考虑外延层的小平面生长和不同晶向的不同生长速率。SEM 是一种常用的电子显微镜，通过高能电子束以光栅图形扫描样品表面并且形成图像。电子与构成样品的原子相互作用，产生的响应信号包含样品表面形貌、成分和电导率等信息。通过 SEM 观测到的机械方法制绒后生长的外延层横截面如图 3-7(b)所示。从图 3-7(b)中可以清晰地观察到，在外延生长并修改后的绒面上，(100)晶面附近的晶粒得到了很好的保留，而其他晶向的原始绒面被不同的小平面取代。

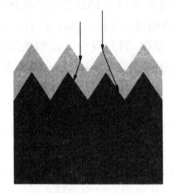 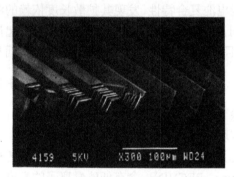

(a) 外延生长前在衬底上形成
凹槽的共形生长陷光结构

(b) 机械方法修改的绒面结构SEM图像

图 3-7　绒面衬底上的外延生长

通过这种技术，CVD 在高纯冶金级硅(UMG-Si)衬底上实现了 $100m^2$ 大面积外延晶体硅薄膜太阳能电池的生长。运用产业化太阳能电池工艺中的接触电极丝网印刷，获得了 12%～13%的转换效率，且外延层的厚度仅有 15～20μm。

2. 硅锗合金

用 Si 和 Ge 的合金(alloy)增加晶体硅薄膜太阳能电池的吸收系数是一种直接增加短路电流密度(short circuit current density，J_{sc})的有效方法。Si、Ge 合金的较小带隙可以增加电池的红外光吸收，但同时会减小太阳能电池的开路电压 V_{oc}，在晶体硅太阳能电池中，这样的损失会超过短路电流密度的增加。在用 $x<10\%$ 的 $Si_{1-x}Ge_x$ 衬底制备的外延晶体硅薄膜太阳能电池中，证实了这样的问题。但是，至少在理论上 Si、Ge 合金带来的晶体硅薄膜太阳能电池开路电压 V_{oc} 减小应该是有限的。这是由于表面复合(surface recombination)效应超过体内复合(bulk recombination)。如图 3-8(a)所示，$Si/Si_{1-x}Ge_x$ 异质结背表面场(back surface field，BSF)，理论上可以消除大部分开路电压 V_{oc} 的损失。如图 3-8(b)所示，在(100)晶面 Si 衬底上外延生长的弛豫 $Si_{1-x}Ge_x$ 层具有典型的交叉阴影图形(crosshatch pattern)。

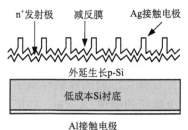

(a) Si衬底上的SiGe薄膜基本结构

(b) Si衬底上弛豫$Si_{0.9}Ge_{0.1}$层的典型
交叉阴影图形(放大倍数500)

图 3-8　带有 SiGe 外延层的晶体硅薄膜太阳能电池

　　实验研究表明，外延晶体硅薄膜太阳能电池的弛豫 $Si_{1-x}Ge_x$ 外延层限制 Ge 的含量（content）＜20%，而理论计算认为，较高的 Ge 含量会导致碰撞电离（impact ionization）。在高掺杂的单晶硅衬底上，用化学气相沉积（CVD）或液相外延（LPE），外延生长较厚的弛豫 $Si_{1-x}Ge_x$ 层（x 在0%～20%范围内），可以制备较好的晶体硅薄膜太阳能电池。在 40mTorr[①]低压和 700～800℃温度的环境下，CVD 使用灯加热系统（lamp-heated system）在石墨基座上可以外延生长 SiGe 合金。SiH_2Cl_2 和 GeH_4 分别是 Si 和 Ge 的前驱物。与电子应用需要的应变层（strained layer）比较，外延晶体硅薄膜太阳能电池需要的 SiGe 合金层厚度相对较大，所以量产时希望达到尽量高的生长速率。增加生长速率需要较高的沉积温度，但是高温下合金中的 Ge 含量会减小。图 3-9(a)显示，含有 $1\%GeH_4$ 的 H_2 维持在稳定的气体流量 200 标况毫升每分（standard cubic centimeters per minute，sccm）时，$Si_{1-x}Ge_x$ 外延层的生长速率是 SiH_2Cl_2 气体流量的函数；图 3-9(b)显示了 Ge 含量是关于 SiH_2Cl_2 气体流量的函数，其中 GeH_4/H_2 的气体流量与图 3-9(a)相同。所以，外延晶体硅薄膜太阳能电池一般要求保持 0.15～0.2μm/min 的适度生长速率。

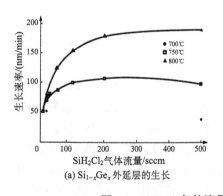

(a) $Si_{1-x}Ge_x$ 外延层的生长

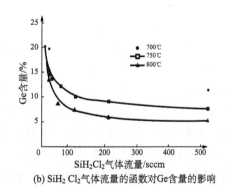

(b) SiH_2Cl_2 气体流量的函数对Ge含量的影响

图 3-9　SiH_2Cl_2 气体流量对硅锗合金外延生长的影响

　　因为 $Si_{1-x}Ge_x$ 层和 Si 衬底之间有些晶格失配，有必要在 Si 衬底和有源层之间引入缓冲层（buffer layer）。当 $Si_{1-x}Ge_x$ 层的厚度达到10～15μm，远超过生长 Si 的临界厚度（critical thickness），晶格失配引起的失配位错（mit dislocation）使晶格的应变（strain）弛豫。Si 和

---

① 1 Torr = 1 mmHg = 1.33322×10^2Pa

Ge 的晶格常数(lattice constant)相差大约 4%。而 SiGe 合金的晶格常数在 Si 和 Ge 的晶格常数之间呈线性变化,符合维加定律(Vegard's law)。如图 3-10(a)所示,Si 衬底上倾斜的 $Si_{1-x}Ge_x$ 外延层具有一定的位错密度(dislocation density)。在合适的条件和足够高的温度下生长,部分失配位错将在缓冲层中消失。在经过择优蚀刻的倾斜样品中可以观察到缺陷密度随深度的变化,光学分析表明,Si 衬底上倾斜的弛豫 $Si_{0.9}Ge_{0.1}$ 外延层缺陷密度随深度变化。在前表面(front surface)的方向上位错密度逐渐减小,缺陷密度从缓冲层的 $10^7 cm^{-2}$ 减小到前表面的 $10^5 cm^{-2}$。

透射电子显微镜(transmission electron microscopy,TEM)是一种常用电子显微镜技术,可以观察到小于 0.2μm 的细微结构。其工作原理是让电子透射过非常薄的样品,在透射过程中与薄样品发生相互作用并成像。图 3-10(b)所示为失配位错的横截面的 TEM 横截面图像。

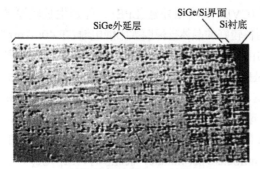 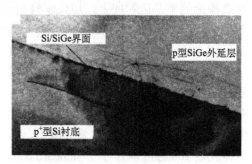

(a) Si衬底上倾斜的弛豫$Si_{0.9}Ge_{0.1}$外延层　　(b) 缓冲层中失配位错的TEM横截面图像,
样品同图(a),可以观察到缓冲层中位错线
的弯曲

图 3-10　SiGe/Si 界面的晶格失配

通过电子束诱导电流(EBIC)法是基于扫描电子显微镜 SEM 的半导体分析技术,依赖于通过微观的电子束在半导体中产生电子-空穴对,可以用于分析半导体的埋入结区、缺陷或少数载流子特性。通过电子束诱导电流将弛豫 $Si_{1-x}Ge_x$ 沉积层(as-deposited layer)作为肖特基二极管(Schottky diode)进行测量,得到扩散长度。对于 CVD 和 LPE 生长的带有缓冲层的外延层,虽然缺陷密度为 $10^5 cm^{-2}$ 量级,有效扩散长度 L_{eff} 却能达到 80~100μm。实验证明,至少在室温下,CVD 生长外延层的位错并不比 LPE 生长的外延层多。

p^+ 型 Si 衬底上制备弛豫 $Si_{1-x}Ge_x$ 层,形成外延晶体硅薄膜太阳能电池的实验室工艺包括固体源扩散、表面钝化(surface passivation)和蒸发接触电极。为了制备高性能的外延 $Si_{1-x}Ge_x$ 薄膜太阳能电池,表面钝化尤为重要。虽然运用等离子体增强化学气相沉积(PECVD)可以在前表面进行氮表面钝化,但是电池的蓝光响应(blue response)比参考的晶体硅薄膜太阳能电池更低。如果在电池结构顶部增加 Si 覆盖层(capping layer),蓝光响应可以得到改善。Si / $Si_{1-x}Ge_x$ 变换相对结区的位置非常重要,Si 覆盖层的缺陷密度在 $10^7 cm^{-2}$ 量级,可以减小扩散发射极 Si 覆盖层和 $Si_{1-x}Ge_x$ 基极界面附近的界面复合。如图 3-11 所示,内部量子效率(internal quantum efficiency,IQE)曲线表明,与 Ge 形成合金可以增强基极的红光响应(red response),而 Si 覆盖层可以改善蓝光响应。

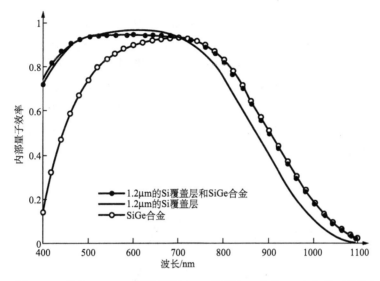

图 3-11　带有 1.2μm Si 覆盖层和 SiGe 基极 (Ge 含量 10%) 的外延晶体
硅薄膜太阳能电池给出内部量子效率 IQE 曲线

如表 3-1 所示，外延 $Si_{1-x}Ge_x$ 薄膜太阳能电池的短路电流密度 J_{sc} 高于普通的晶体硅薄膜太阳能电池，而短路电流密度 J_{sc} 的增加在 Ge 含量 > 10% 处达到饱和。但外延 $Si_{1-x}Ge_x$ 薄膜太阳能电池的开路电压 V_{oc} 和填充因子 FF 比参照的普通晶体硅薄膜太阳能电池低。因为开路电压 V_{oc} 的减小程度大于短路电流密度 J_{sc} 的增加程度，所以外延 $Si_{1-x}Ge_x$ 薄膜太阳能电池的转换效率 η 更低。

表 3-1　薄膜太阳能电池与相同衬底上普通晶体硅薄膜太阳能电池的伏安特性比较

有源层材料	短路电流密度 $J_{sc}/(mA \cdot cm^{-2})$	开路电压 V_{oc}/mV	填充因子 FF/%	转换效率 η/%
$Si_{0.9}Ge_{0.1}$	28.8	575	77.5	12.8
Si	27.9	634	79.2	14.0

3. 量子点太阳能电池

为了避免弛豫后 SiGe 层厚度超过临界厚度形成的结晶缺陷，有研究人员提出并测试了其他方法。一种方法是用 SK 生长 (Stranski-Krastanov growth)，将生长的 Ge 层嵌入 Si 晶体矩阵 (crystal matrix)，形成三维的岛 (island)。嵌入的 Ge 层会增加电池基极的红外光吸收，从而得到更高的光生电流 (photocurrent)，且克服异质结构 (heterostructure) 的开路电压损失。可以在基于 Si 的 p-i-n 结 (p-i-n junction) 二极管本征区 (intrinsic region) 制备堆积自组装锗量子点 (stacked self-assembled Ge quantum dot)，形成量子点太阳能电池 (quantum dot solar cell)。通过气体源分子束外延 (gas source molecular beam epitaxy, GS-MBE)，Ge 量子点以 SK 生长方式外延生长在 p 型 Si (100) 晶面衬底上，如图 3-12 (a) 所示。相比没有 Ge 量子点的情况，具有堆积自组装锗量子点的太阳能电池外部量子效率(external quantum efficiency，EQE)在＜1.45μm 的红外光区域明显增加，如图 3-12(b)所示。而且，观察到 EQE 随堆积层数增加而增加。通过超高真空分子束外延(ultra high vacuum molecular beam epitaxy，UHV-IBE)，可以间隔生长最多 75 层的 Ge，每一层 Ge 大约 8 层原子单层(atomic monolayer)厚，由 9～16nm 的 Si 间隔层(spacer layer)分隔，使用标准的 $10\Omega \cdot cm$ 的 p 型 Si 衬底。使用 Sb 作为表面活性剂(surfactant)，岛密度可以增加到＞$10^{11}cm^{-2}$。岛被 200 nm 厚的 n 型 Si 层从上方覆盖，作为太阳能电池的发射极。光生电流的测量表明了量子点太阳能电池相比标准晶体硅薄膜太阳能电池具有更高的红外光区域响应。

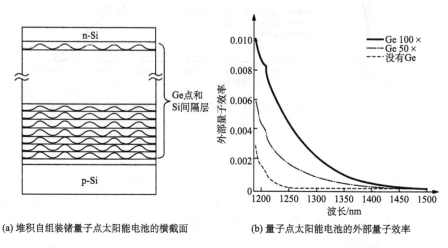

(a) 堆积自组装锗量子点太阳能电池的横截面　　　(b) 量子点太阳能电池的外部量子效率

图 3-12　SK 生长方式外延生长 Ge 量子点，得到的量子点太阳能电池

对于空间应用的太阳能电池，Si 载体上生长的 GaAs 层受到广泛的关注。Ge 模板层(template layer)往往生长在 Si 衬底和 GaAs 有源层之间，以消除 Si 和 GaAs 之间的晶格失配。但是，这种技术的讨论已经超出了本章的范畴。

4. 掩埋背反射镜

虽然通过实验可以清楚地证实 $Si_{1-x}Ge_x$ 合金或 Ge 量子点使外延晶体硅薄膜太阳能电池的光生电流增加，但是仍然不能证明电流的增加足以抵消电压的减小，以至于转换效率有可能不升反降。所以，需要发展 Si 衬底和 Si 外延层之间的陷光结构。在 Si 衬底和外延层之间加入折射率不同的介质，形成掩埋背反射镜(buried backside reflector)，并且允许外延生长。总体而言，掩埋背反射镜有两种基本的制备技术，即多孔硅中间层(porous silicon inter layer)和外延横向过度生长(epitaxial lateral overgrowth)，如图 3-13 所示。在含 HF 溶液中阳极电镀(anodization)形成的多孔结构可以控制折射率，多孔硅(porous silicon)可以作为外延生长的模板，并且隔离衬底的结晶信息(crystallographic information)。而在介质或金属层上的外延横向过度生长留有一些"窗口"(window)，保留了 Si 衬底的结晶信息。

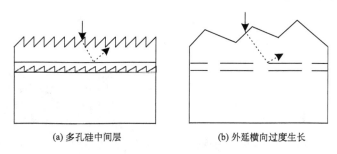

(a) 多孔硅中间层　　　　　　　(b) 外延横向过度生长

图 3-13　掩埋背反射镜的两种基本技术

1) 多孔硅中间层

电化学蚀刻(electrochemical etching)是较好的制备多孔硅技术,可以形成多重布拉格反射镜(multiple Bragg reflector),应用于光学谐振腔(optical resonant cavity)。可以通过孔隙率(porosity)控制多重布拉格反射镜层的折射率,而孔隙率由电化学蚀刻的电流密度和溶液中 HF 浓度等阳极电镀的条件决定。因为多孔硅保留了被蚀刻原始晶体衬底的结晶信息,Si 沉积过程是以原始晶体衬底结构为基础的有序沉积,所以电化学蚀刻是制备掩埋背反射镜的理想技术。

为了模拟并优化多孔硅中间层的掩埋背反射镜,可以基于不规则介质(random media)中的电磁波传播(electromagnetic wave propagation)理论,建立多孔硅光传播的模型。模型将 Si 作为基质材料,不规则物的球形孔隙(spherical void)作为散射颗粒,光散射(light scattering)的反射部分和漫散射(diffuse scattering)部分被分别处理。

在制备多孔硅中间层掩埋背反射镜的实验中,Si 沉积工艺需要较高温度,而高温下多孔硅不稳定,较难维持反射镜的特性。主要问题在于,多孔硅倾向于增大球形孔隙,重构到达低能量形态。而且,制备多孔硅中间层后进行 Si 沉积,会出现填充孔隙的现象,一些沉积的 Si 进入孔隙结构,降低孔隙率。

有两种技术可以解决上述问题。一种是使用低能量等离子体增强化学气相沉积(Low-Energy Plasma-Enhanced Chemical Vapor Deposition, LE-PECVD)为代表的低温沉积技术,以最大限度地保留多孔硅结构。这样的技术沉积 Si 薄膜,可以在多孔硅顶部形成较好的外延层质量,并且不对多层的多孔硅结构形成破坏。高分辨率的 X 射线衍射(X-ray diffraction)和透射电子显微镜(TEM)的横截面观测均验证了使用这种沉积技术不破坏多孔硅结构,如图 3-14(a)所示。在 590℃下,10μm 厚外延层的生长具有较高的沉积速率(约 3 nm/s)。TEM 分析表明,多孔硅/外延层的界面形成了较高的缺陷密度,并且缺陷向整个外延层扩散。如果沉积温度上升到 645℃,缺陷密度会下降。

在 X 射线衍射晶体测试技术中,X 射线受到原子核外电子的散射而发生衍射现象。晶体中规则的原子排列会产生规则的衍射图像,可据此计算分子中各种原子间的距离和空间排列。X 射线衍射是分析大分子空间结构的有用方法。

另一种制备多孔硅中间层掩埋背反射镜的技术是在高温下的外延生长,依赖重构(reorganization)实现较好的实验结果。在高度 p 型掺杂的单晶硅衬底上进行电化学蚀刻,形成低孔隙率/高孔隙率的堆积(stack),得到的多孔硅具有多层(multilayer)结构。随后,样品在高温下进行热辅助化学气相沉积 TA-CVD,制备外延层。SEM 图像可以显示出这样的结构，多孔硅原始的孔隙尺寸只有纳米数量级，大规模的重构实现了更大的孔隙和更宽的孔壁，得到了高/低孔隙率的结构，如图 3-14(b)所示。

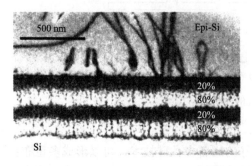

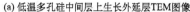

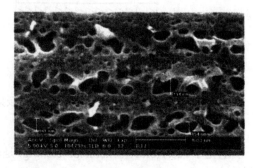

(a) 低温多孔硅中间层上生长外延层TEM图像　　　(b) 1150℃退火高/低孔隙率多层多孔硅掩埋背反射镜SEM图像

图 3-14　多孔硅中间层

在高温条件下制备高/低孔隙率多层多孔硅掩埋背反射镜的方法中，重构后的结构具有较好的多重布拉格反射镜性能。多孔硅/外延层界面的内部反射率(internal reflectance 或 internal reflection)可以表达为波长的函数，如图 3-15 所示。内部反射率随多孔硅层数增加而增加，15 层堆积时间在较宽的波长范围内达到 80%的内部最大反射率。电阻率(resistivity)测量表明，这种方法制备多孔硅中间层掩埋背反射镜的技术不会影响垂直输运的多数载流子，是发展高电流密度外延晶体硅薄膜太阳能电池的理想方式。

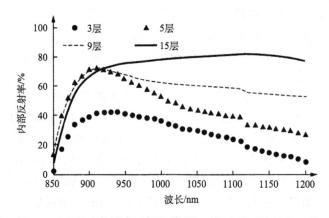

图 3-15　多孔硅掩埋背反射镜的内部反射率关于波长的函数

液相外延(LPE)可以在多孔硅上制备 Si 外延层。先用阳极电镀在(100)或(111)晶面上形成多孔硅，然后在 H_2 气氛(atmosphere 或 environment)下退火，最后用 LPE 在不同的温度分布下，在多孔硅上生长外延层。在(100)晶面多孔硅上生长的薄膜具有金字塔结构(pyramidal structure)，但是难以获得凝结(coalescence)。而在(111)晶面多孔硅上可以获得结构特别均匀的外延层。

除了起到外延生长模板的作用，多孔硅掩埋层还可以用作吸除层(gettering layer)，防止杂质从 Si 载体衬底扩散进入有效外延层。用多孔硅作为吸除层，在冶金级硅(MG-Si)

低成本衬底上制备晶体硅薄膜太阳能电池，已经得到原理性的解释。

2) 外延横向过度生长

通过绝缘体 SiO$_2$ 的开口(opening)，外延横向过度生长技术可以实现 Si 的择优外延生长，如图 3-13(b) 所示。通过热氧化(thermal oxidation)，得到的绝缘体 SiO$_2$ 具有掩蔽层(masking layer)的作用。化学气相沉积(CVD)的择优特性来自控制 Si 蚀刻和氮气(N$_2$)气氛下生长的平衡性。为了在绝缘体 SiO$_2$ 上过度生长，横向生长速率需要比纵向生长速率更快，并需要将开口尺寸控制在外延层厚度的 2 倍。

因为液相外延 LPE 生长的工作条件接近热平衡状态，因此更加容易得到较高的长宽比(aspect ratio)。多数情况下，在(111)晶面 Si 衬底上生长可以得到平滑的外延层表面，图 3-16(a) 所示为通过液相外延 LPE 技术在(111)晶面 Si 衬底上的 SiO$_2$ 绝缘体层开口处实现外延横向过度生长，长宽比为 4:3。而结合(100)晶面 Si 衬底上的原位绒面制备使得该技术具有一定优势。实现外延横向过度生长掩埋背反射镜的另一种技术是电镀，具体来说一种在具有金属掩蔽图形的 Si 衬底上通过液相的电外延横向过度生长(electro epitaxial lateral overgrowth)的工艺。图 3-16(b) 所示为在 W 掩蔽掩埋背反射镜上电外延横向过渡生长的实物图，Si 从遮掩层的条状开口处生长。在条状图形、W 掩蔽的 Si 衬底上通过液相金属溶液(Si 饱和的 Bi 熔体)进行电流诱导结晶，生长 Si 薄膜。选择 W 作为掩蔽层的主要原因是 W 在电镀过程中耐高温(temperature resistant)，且在金属熔体中化学特性稳定。生长过程的温度控制在 800～1150℃，将 2～20mA cm^{-2} 的电流密度加在 Si/金属熔体的界面上以增加横向生长。最终在具有 10μm 宽、100μm 间隔的条状开口图形的 W 掩蔽衬底上可以实现面积为 1cm^2 的连续 Si 外延层的生长。

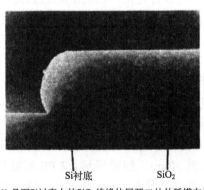

(a) (111)晶面Si衬底上的SiO$_2$绝缘体层开口处外延横向过度生长

(b) W掩蔽掩埋背反射镜外延横向过度生长

图 3-16　外延横向过度生长

3.4　实验室和产业化成果

1. 实验室成果

外延晶体硅薄膜太阳能电池的优势在于低成本的 Si 衬底，目前已经有大量基于单晶硅和多晶硅衬底的实验室成果。外延层的生长技术以化学气相沉积(CVD)和液相外延(LPE)为主,如表 3-2 所示,高掺杂单晶硅衬底的实验室成果证实了外延晶体硅薄膜太阳能电池具有高转换效率的潜力。通过注氧隔离(separation by implantation of oxygen, SIMOX)或背面蚀刻(etching back)工艺,可以制备氧化物中间层,并利用绝缘体上的硅(silicon on insulator,SOI)形成掩埋背反射镜的陷光结构。也有一些报道认为,高掺杂 Si 衬底和外延层的晶格失配会形成外延层的结晶缺陷。虽然这样的晶格失配很小,但由于外延层厚度较大,引入失配错位会发生应变弛豫。

表 3-2   外延晶体硅薄膜太阳能电池的实验室成果

方法	衬底类型	外延层厚度/μm	电池面积/cm^2	技术路线	转换效率/%
化学气相沉积	单晶 SIMOX	46	4	高效率交指型工艺,蒸发接触电极	19.2
	p$^+$型单晶硅	37	4	ISE 高效率工艺	17.6
	p$^+$-SILSO	20	4	同质背面蚀刻发射极,蒸发接触电极	13.8
	p$^+$-EFG	20	4	同质背面蚀刻发射极,蒸发接触电极	13.2
液相外延	p$^+$型单晶硅	35	4	背面蚀刻衬底,蒸发接触电极	18.1
	p$^+$型单晶硅	30	4	外延层漂移场,蒸发接触电极	16.4
	p$^+$型多晶硅				15.4

在高掺杂多晶硅衬底(带硅、冶金级硅(MG-Si)、p$^+$型多晶硅)上用 CVD 生长的外延晶体硅薄膜太阳能电池,实验室转换效率显然低于单晶硅衬底上外延生长的电池。实验证明,在外延层中引入 H 的工艺步骤(process step)可以对钝化外延层缺陷起到关键作用。引入 H 的技术有远距离等离子体氢化(remote plasma hydrogenation, RPH)或氮化烧结(firing through nitride)。通过在外延层中引入 H,可以使厚度为 20μm 的小面积外延晶体硅薄膜太阳能电池的转换效率接近 14%。

LPE 生长的外延晶体硅薄膜太阳能电池具有较好的电学特性,其开路电压大于 660 mV(AM1.5,25℃)。实验室中 LPE 制备的外延晶体硅薄膜太阳能电池可以达到17%~18%的转换效率。实现这些高转换效率电池的重要步骤之一是去除生长外延层的大部分重掺杂衬底,从而增加背表面的反射。运用这种方法,外延晶体硅薄膜太阳能电池的转换效率可提高约 25%,而电池的厚度将降低到 30μm。如前所述,LPE 可以按照设定的掺杂分布直接对外延层进行掺杂。如果在薄膜中引入 Ga 掺杂梯度,在太阳能电池的基极形成漂移场(drift field),可以增加有效少子扩散长度,并且提高长波长的响应。当 LPE 生长的外延晶体硅薄膜太阳能电池具有漂移场时,转换效率达到 16.4%。在多晶硅衬底上,LPE 生长的小面积外延晶体硅薄膜太阳能电池达到了 15.4%的转换效率。

以上实验结果进一步证实了处延晶体硅薄膜太阳能电池在转换效率上存在巨大潜力。

2. 产业化成果

产业化太阳能电池(industrial solar cell)是指大面积($>20\ cm^2$)太阳能电池,并且生产工艺类似于光伏产业的现有工艺。虽然生产外延晶体硅薄膜太阳能电池的基本工艺流程与生产经典晶体硅太阳能电池的工艺很相似,但是基于两个主要原因仍需要进行独立的表述。首先,制备大面积太阳能电池是特定外延沉积技术成熟的标志,需要大面积电池仍能够满足厚度均匀度和掺杂均匀度的要求。其次,尽管与晶体硅太阳能电池的生产工艺有很大的相似性,但是像前表面绒面制备这样的工艺步骤需要在外延晶体硅薄膜太阳能电池的生产中重新调整。如果使用了晶体硅太阳能电池的常规绒面制备工艺,将会破坏 $10\sim20\mu m$ 的外延层。

表 3-3 对产业化外延晶体硅薄膜太阳能电池的成果做了一些总结。用切克劳斯基法(Czochralski process)生长的单晶硅衬底实现了 14%的转换效率,而高掺杂多晶硅衬底实现了 13%的转换效率。运用的工艺流程为管式或在线式的 P 掺杂、丝网印刷前电极(front electrode)和背电极(rare electrode)以及 SiN$_x$减反膜(anti-reflective coating,ARC)的烧结。

表 3-3　产业化工艺流程生产的外延晶体硅薄膜太阳能电池

方法	衬底类型	外延层厚度/μm	电池面积/cm²	技术路线	转换效率/%
化学气相沉积	p⁺型单晶硅(切克劳斯基生长)				13.8
	p⁺-SILSO	20	25	丝网印刷,氮化烧结	12.5
	凹槽 p⁺-SILSO	20	25	丝网印刷,氮化烧结	13.2
	p⁺-SILSO	40	20	激光凹槽掩埋栅线技术	11.9
	高纯冶金级硅(UMG-Si)	25	20	丝网印刷,氮化烧结	12.9
	高纯冶金级硅(UMG-Si)	100	20	丝网印刷,氮化烧结	12.2
液相外延	高纯冶金级硅(UMG-Si),回熔法		30	磷浆料扩散	10

光束透导电流(OBIC)的测量表明,在整个外延晶体硅薄膜太阳能电池中,扩散长度分布不均匀,有效扩散长度 L_{eff} 最大值达到 $25\mu m$,而平均值在 $15\mu m$ 左右。红外锁相热成像(infrared lock-in thermography)检测表明,局域的分流通路(shunt path)与一定的外延缺陷相关。在红外锁相热成像技术中,研究样品受到周期性的热激励,样品内部产生高度衰减并且散射的"热波"(thermal wave)到达近表面区域后被记录。如图 3-17 所示为对太阳能电池上进行红外锁相热成像检测观测到的局域分流通路。

为了减小前表面的反射并且增加光程长度,外延晶体硅薄膜太阳能电池的前表面需要在形成 n⁺型发射极之前,在 P 型 Si 外延层上制绒,使 n⁺型发射极生长在绒面上,如图 3-1(a)所示。绒面制备是多数晶体硅太阳能电池产业化工艺的常见步骤,但是外延晶体硅薄膜太阳能电池需要修改经典的绒面工艺,最重要的问题是减小绒面制备对 Si 外延层的损耗,尽可能地减小绒面制备之前需要的初始外延层厚度。产业化多晶硅太阳能电池制绒的工艺是化学方法，在锯割损坏的缺陷表面上，用 HF 和 HNO₃ 进行湿化学蚀刻（wet chemical etching），形成蚀刻坑直径为 1～10μm 的绒面。但是，因为表面没有锯割损坏的缺陷，这种湿化学蚀刻的工艺在外延层上制备的绒面不均匀会形成较深的坑洞。为此，研究人员开发了一种使用 SF₆ 的等离子体制绒（plasma texturing）技术，等离子体由微波天线（microwave antenna）形成。等离子体绒面可以最大限度地减小对 Si 外延层的损耗，在降低反射的同时只损耗 2μm 厚的外延层。在高纯冶金级硅（UMG-Si）衬底上，用化学气相沉积（CVD）制备外延层，实现了约 13% 的转换效率。

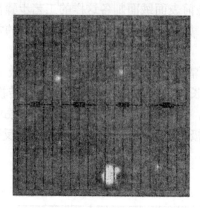

图 3-17　红外锁相热成像检测到的局域分流通路

生长在高掺杂单晶硅或多晶硅衬底上的外延晶体硅薄膜太阳能电池组件，基于单晶硅衬底的组件具有 368 cm² 的孔径面积（aperture area）和 12.2% 的转换效率，而基于多晶硅衬底的组件具有 576cm² 的孔径面积和 10.2% 的转换效率。这样的产业化成果证明了外延晶体硅薄膜太阳能电池技术的快速成熟。

基于液相外延（LPE）的薄膜生长工艺也可以制备产业化的外延晶体硅薄膜太阳能电池。对于 CVD 生长的外延晶体硅薄膜太阳能电池技术，实验室转换效率（laboratory record for efficiency）和产业化转换效率仅相差 1%（以 SILOS 多晶硅为例），但是对 LPE 生长技术，转换效率差别就大得多，主要原因是 LPE 较难得到大面积沉积薄膜的厚度均匀度。通过磷浆料扩散（P paste diffusion）和 LPE 薄膜生长，产业化制备的外延晶体硅薄膜太阳能电池只能实现 10.0% 的转换效率。

3. 新颖结构

将前栅线（front grid）作为接触电极的外延晶体硅薄膜太阳能电池可以制备衬底配置或上层配置，而基于硅片的晶体硅太阳能电池有新颖的接触电极形式。如果将这两个概念集成在单一器件中，可以同时减小晶体硅太阳能电池的两个主要效率损失。外延晶体硅薄膜太阳能电池通过外延横向过度生长，用半导体的嵌入式栅线（embedded grid）取代传统的金属前栅线，如图 3-18 所示，得到的外延晶体硅薄膜太阳能电池在孔径面积上具有 7.8% 的转换效率、较好隔离的接触电极、可以忽略的串联电阻功率损失以及小于 1% 的孔径面积阴影（shading）。

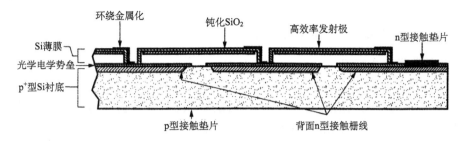

图 3-18　外延晶体硅薄膜太阳能电池的新颖结构

3.5　高生产速率沉积

虽然外延晶体硅薄膜太阳能电池的生产工艺与经典的晶体硅太阳能电池很相似，但是这种技术的发展需要解决两个问题。

第一个问题是实现低成本 Si 衬底的商业化。在短期内，基于冶金级硅(MG-Si)衬底的外延晶体硅薄膜太阳能电池可以实现 14%～15%的转换效率。需要大幅度增加生产 MG-Si 原料的产能(production capacity)，大规模地制备 MG-Si 的硅锭(silicon ingot)和硅片。

第二个问题是发展高生产速率的沉积设备，实现以每小时数平方米的速率生长外延层，外延层的厚度在 5～20μm 范围。微电子领域发展的商业化外延反应腔(epitaxial reactor)需要实现 1%量级的厚度均匀度和掺杂均匀度。相对而言，外延晶体硅薄膜太阳能电池对高生产速率有较高要求。相似的升级 (upscaling) 要求也存在于基于非晶硅 a-Si:H 或微晶硅 μc-Si:H 的薄膜太阳能电池技术领域，但是对外延晶体硅薄膜太阳能电池，提高生产速率的难度较大。为了实现 $\mu m \cdot min^{-1}$ 量级的高生长速率和高结晶质量 (crystallographic quality)，理想的温度范围是 800～1300℃，因此需要使用的材料能够承受高温。除了沉积的高温要求外，还对使用原材料的纯净度有严格的要求，需要防止晶体硅外延层生长过程中的污染(contamination)，即通过控制有源层中 Si 和气体或液体中引入 Si 的比例，以提高化学效率。但是，化学气相沉积(CVD)和液相外延(LPE)分别会使用腐蚀性的气体和液体。在 Si 沉积工艺中，高化学效率需要耗尽气体，而高厚度均匀度要求不能耗尽气体，化学效率和厚度均匀度需求形成一对矛盾。因此，即使厚度均匀度和掺杂均匀度要求为 10%量级，化学效率和厚度均匀度的矛盾仍然需要综合考虑。

即使上述问题都得到较好的解决，沉积设备长期使用的可靠性(reliability)和安全性(safety)仍需要得到论证。外延晶体硅薄膜太阳能电池的生产成本也需要进行优化。还需要综合考虑投资成本(investment cost)、基座(susceptor)等耗用品(consumable)成本和维护费用等。成本费用显然依赖于可以实现的转换效率。假设组件转换效率为 14%，1 英镑/W_p 的价格意味着最高 20 英镑/m^2 的外延层生长成本，这样的成本目前还难以实现。人们通过开发多种新颖的高生产速率沉积反应腔，以解决上述主要问题。由于 CVD 和 LPE 比离子辅助沉积(IAD)等其他沉积技术更加成熟，人们重点对基于 CVD 和 LPE 的大规模生产进行了研究。但要最终将这些反应腔概念集成到现有的太阳能电池生产线中，仍然需要数年的时间。下面进一步详细讨论实现基于 CVD 和 LPE 工艺的大规模生产(mass production)。

1. 适合大规模生产的化学气相沉积

1) 连续化学气相沉积

连续化学气相沉积(continuous chemical vapor deposition, ConCVD)概念类似于目前大多数晶体硅太阳能电池生产线使用的在线式工艺，该工艺非常适合大规模生产。ConCVD 概念基于连续输运晶片工艺，通过热反应区域发生外延沉积。为了提高气相 Si 到固相 Si 的沉积效率，减少寄生沉积(parasitic deposition)，ConCVD 依赖于管套管(tube-in-tube)的处理方式。如图 3-19 所示，内管(inner tube)为反应腔，长方形衬底形成反应腔的侧壁，反应腔嵌套在外管(outer tube)中。外管通入大量的 H_2 和惰性气体，将反应气体 $SiHCl_3$ 和 H_2 引入反应腔内，使 Si 发生沉积。让两列衬底连续地滑动经过 ConCVD 的反应腔，使所有的衬底都经过相同的反应环境，可以解决横向均匀度(lateral homogeneity)和气体耗尽相互矛盾的问题。为了减小反应气体从反应腔到外管的扩散，需要在外管中略微增加气压。

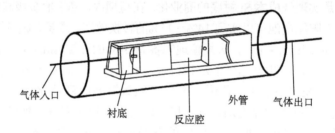

气体入口　　　　　　　　　　　　　　外管　　气体出口
　　　　　衬底　　　反应腔

图 3-19　连续化学气相沉积的管套管概念

如果 ConCVD 采用气体幕(gas curtain)系统，可以保证隔绝反应区域内部气压和外部的大气压。气体幕系统以连续的方式将衬底送入并送出反应腔，而气体不会在反应腔和实验室之间交换，如图 3-20 所示。根据一种气体相对另一种流动气体的扩散方式，cm/s 量级的小气体流量可以将扩散气体浓度在流动气体相反方向上数厘米处减小到可以忽略不计的数值。ConCVD 的气体幕系统可以安装在反应管(reactor tube)的两端。

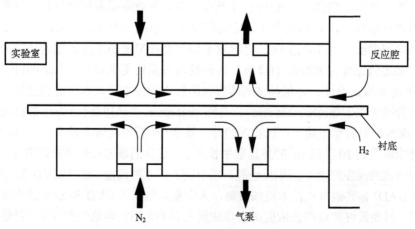

实验室　　　　　　　　　　　　　　　　　　反应腔

　　　　　　　　　　　　　　　　　　　　　衬底

　　　　　　　　　　　　　　　　　　　　H_2

　　N_2　　　　气泵

图 3-20　连续化学气相沉积的气体幕系统将反应腔内部大气压和外部大气隔绝

德国弗劳恩霍夫太阳能系统研究所(Fraunhofer Institute for Solar Energy Systems，FhG-ISE)设计建造了第一个运用气体幕系统概念的 ConCVD 设备，如图 3-21 所示。高掺杂多晶硅衬底上生长外延层需要 1150℃的环境温度，可以实现 1.5μm/min 的沉积速率、1.2m²/h 的生产速率和 12.5%的转换效率。

图 3-21　ConCVD 设备

ConCVD 的主要特性如下。

(1)具有气体幕和两列连续移动衬底的开放式系统；

(2)通过电阻加热(resistive heating)，衬底温度最高达到 1300℃；

(3)直径 30cm 的 SiC 反应管；

(4)40cm 长的石墨反应腔；

(5)两列输运衬底的石墨载体；

(6)衬底宽度为 10cm 或 20cm，长度最大为 40cm；

(7)两片 10cm 宽的衬底在同一载体上放置为两列；

(8)反应气体 H_2、$SiHCl_3$ 和 B_2H_6 通入反应腔，H_2 和惰性气体通入外管；

(9)沉积速率为 5μm/min，生产速率为 1.4m²/h，Si 外延层厚度为 30μm。

FhG-ISE 的研究人员对 ConCVD 做了初步的成本预测。如果将反应腔长度从 40cm 增加到 200cm，反应腔宽度为 20cm，生产速率可以达到 150000m²/a，并且最终实现 Si 外延层生长成本 10 英镑/m²，小于之前提出的 20 英镑/m² 外延层生长成本目标。外延层生长成本主要来自耗用的 H_2，可以通过先进的 H_2 回收技术进一步降低成本。

2)对流辅助化学气相沉积

对流辅助化学气相沉积(convection assisted chemical vapor deposition，CoCVD)可以有效地使用热对流控制反应腔中的气体流动，并且通过对流回收未充分使用的气体前驱物，如图 3-22 所示。反应腔与水平方向的夹角为 α，可以通过倾斜角度控制对流，而热对流会增加前驱物气体的流动以及流动的稳定性。冷气体被送入反应腔，沿着冷腔体侧壁向下流动。冷腔体侧壁对面的侧壁是加热的衬底，气体沿着加热的衬底向上流动，在衬底上发生沉积，形成外延层，加热的衬底驱动气体进行对流。发生化学反应的部分气体通过出口离开反应腔，而远离衬底的部分气体仍然留在对流气体中进行下一轮回流

（recirculation）。这样的内部回流机理可以降低一定厚度外延层生长所需 $SiHCl_3$ 的使用量。衬底的倾斜角度和反应腔底壁对回流产生非常关键的影响。

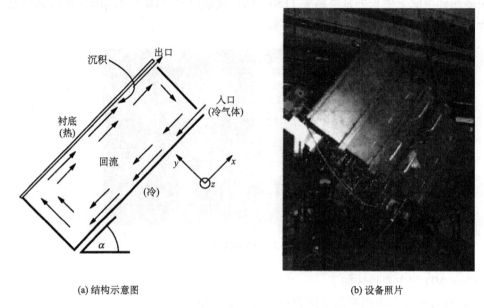

|(a) 结构示意图|(b) 设备照片|

图 3-22　对流辅助化学气相沉积

3）分批式外延反应腔

虽然连续化学气相沉积和对流辅助化学气相沉积已经在大规模生产的可行性上取得了很大的进展，但是这两种工艺的可靠性和安全性仍然有待论证。微电子领域发展了分批式外延反应腔（batch type epitaxial reactor），用 SiH_4 作为 Si 前驱物，发展了 200mm 和 300mm 尺寸的晶片，生产速率在 100 晶片/h 量级，相当于 $5m^2/h$ 的生产速率。就像功率电子器件（power electronics）的制备那样，也可以运用分批式外延反应腔大规模生产外延晶体硅薄膜太阳能电池，但使用时还需要改进多晶硅沉积工艺，以形成较厚的多晶硅层（polycrystalline layer）。略微提高温度以及将均匀度要求降低到 10%以内，分批式外延反应腔就可以实现要求的目标成本。

首次得到较好外延层质量的分批式外延反应腔采用了低压化学气相沉积（LPCVD）。该分批式外延反应腔的一端是电阻加热石英管连接的气泵（pump）系统，而另一端是石英窗口（quartz window），通过真空的石英钟形容器（bell jar）实现了热隔绝。分批式外延反应腔可以在 20 片晶片上同时生长外延层，在反应腔侧壁上安置可以方便取出的石英插件，使反应腔侧壁不会沉积 Si 层。如图 3-23（a）和（b）所示，晶片的放置方向可以是纵向的，也可以是横向的。样品横向放置的分批式外延反应腔可以在 5cm×5cm 的样品上实现<20%的厚度均匀度，满足外延晶体硅薄膜太阳能电池的要求。在 p^+ 型单晶硅衬底上可以得到高质量的外延层。对 20～50 nm/min 的低沉积速率工艺，可以实现 10^4 个/cm 的缺陷密度。这样的结果可以比拟商业化反应腔在相似高掺杂衬底上生长的外延层质量。通过增加 SiH_4 气流在所有气体中的分压（partial pressure），可以加快生长速率。如图 3-23（c）

所示，外延层的缺陷密度主要依赖于沉积速率。

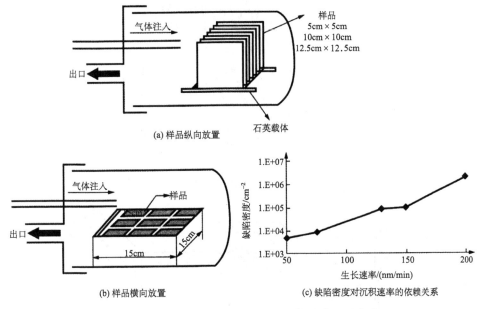

图 3-23 采用低压化学气相沉积的分批式外延反应腔

堆积外延反应腔(stacked epitaxial reactor，SER)是另一种分批式外延反应腔。SER技术自 20 世纪 80 年代开始发展，其工作原理主要基于密集排列的电阻加热石墨基座，反应腔结构如图 3-24 所示。SER 技术可以实现高效且均匀的加热。目前，已经建造了具有 H_2 回流系统的 SER 分批式外延反应腔设备。SER 技术要求堆积外延反应腔中有较高的 H_2 流量，同时保证腔内气体温度足够低，以防止微尘的形成。如果没有 H_2 回流，SER的经济效益并不明显。

2. 适合大规模生产的液相外延

适合大规模生产的液相外延技术，也可以分为在线式和分批式。但是，LPE 的大规模生产还没有达到化学气相沉积的成熟程度。

1) 温度差法

温度差法(temperature difference method, TDM)是一种有较好前景的准连续技术，可以在 10cm×10cm 的大面积多晶硅衬底上生长外延层，是液相外延大规模生产的重要研究方向。TDM 首先被用于为发光器件沉积III-V族半导体层(semiconductor layer)。温度差法的工作原理如图 3-25 所示，与衬底表面垂直的温度梯度(temperature gradient)会产生 TDM 生长外延层的热力学驱动力。温度梯度会形成熔体的浓度梯度(concentration gradient)，而浓度梯度是在衬底上生长外延层的驱动力。因为衬底的温度在生长过程中是常数，而溶解度(solubility)依赖于温度，因此温差不会影响外延层的成分。

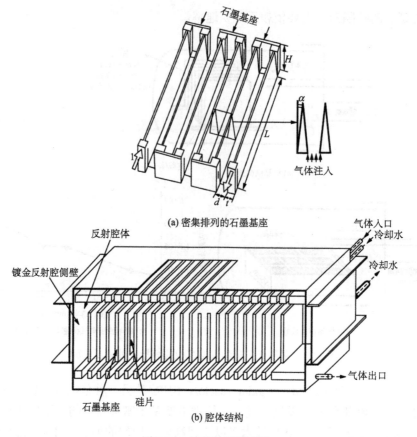

(a) 密集排列的石墨基座

(b) 腔体结构

图 3-24　堆积外延反应腔

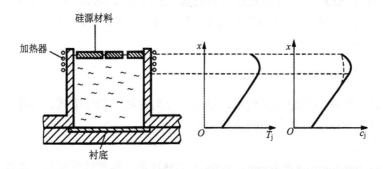

图 3-25　温度差法的工作原理(顶端加热器保证了硅源材料和衬底的温度差)

TDM 从 In/Ga 熔体生长 Si 外延层,可以实现最高 0.3μm/min 的生长速率。在单晶硅和多晶硅衬底上生长的 30μm 厚外延层中,少子寿命达到 5~10μs。因为没有进行氢钝化处理,产品可以获得相当优良的性能。

2) 分批式液相外延

如果液相外延采用连续的在线式大规模生产工艺,由于熔解的 Si 会不断地减少,因此需要在每一次外延生长后更换熔液。在分批式液相外延(batch type liquid phase epitaxy)中,可以将 16 片衬底同时浸润在"无限源"(infinite source)中,这种方式使分批式液相外延非常适合大规模生产。如图 3-26 所示为分批式液相外延生长装置的结构图和实物图。分批式液相外延的一个独特优势是可以进行回熔(melt back)，在每次生长工艺前将高纯冶金级硅(UMG-Si)熔于坩埚(crucible)中，而不需要使用电子级硅作为硅源材料(silicon source material)。但分批式液相外延对 Si 材料的升级比对冶金级硅的提纯使用更少的能量，这意味着生产成本的降低。分批式液相外延生长的 3cm 小面积外延晶体硅薄膜太阳能电池转换效率达到 10%，且制备工艺可以与商业化生产兼容。

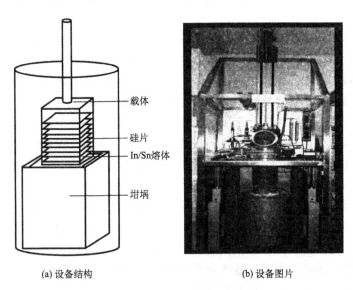

(a) 设备结构　　　　　　　　　　　　(b) 设备图片

图 3-26　分批式液相外延

第4章 杂化钙钛矿太阳能电池的新技术

4.1 介孔结构钙钛矿太阳能电池

介孔结构是钙钛矿太阳能电池发展初期最为主要的器件结构。钙钛矿太阳能电池最初借鉴染料敏化太阳能电池的器件结构，将钙钛矿取代传统的 N719 染料负载在多孔二氧化钛纳米颗粒薄膜表面作为光阳极，而后用 spiro-OMeTAD 这类空穴传输材料取代含碘电解液，制备出了全固态的钙钛矿太阳能电池。介孔骨架材料具有较多孔隙，可以使钙钛矿充分填充进入孔隙内部，有助于钙钛矿形成连续平整的薄膜，使得钙钛矿成膜过程更加简单，因此采用介孔骨架的光阳极结构一直得以保留。随着钙钛矿太阳能电池研究的发展，除 TiO_2 外，ZnO、NiO 等其他半导体纳米颗粒也被引进作为介孔骨架层，而 Al_2O_3、ZrO_2、SiO_2 等绝缘纳米颗粒也被证明可以应用于钙钛矿太阳能电池领域。自此，介孔结构的钙钛矿太阳能电池发展日趋多元，研究人员对多种介孔骨架材料均进行了尝试，并通过调控介孔骨架薄膜厚度及钙钛矿的制备条件来优化钙钛矿形貌，提升器件性能。除此之外，对多孔骨架在载流子输运等方面作用的探讨进一步加深了对钙钛矿电池光电机理的理解。因此，基于半导体介孔材料以及绝缘介孔材料的介孔结构在钙钛矿太阳能电池发展过程中起到至关重要的作用。

1. 基于半导体介孔材料的钙钛矿太阳能电池

由于存在电子注入过程，半导体介孔材料除作为介孔层辅助钙钛矿成膜外，还直接参与钙钛矿太阳能电池的载流子传输过程，因此选择能带结构合适的介孔材料就显得尤为重要。在半导体介孔材料研究中，研究最早也最为深入的是 TiO_2 纳米颗粒。最初采用在烧结后的 TiO_2 纳米颗粒表面滴加并旋涂钙钛矿前体溶液的方法制备 TiO_2-钙钛矿复合薄膜，然而钙钛矿在前体溶液中的溶解度难以提升，并且钙钛矿易在多孔层表面形成起伏较大的岛状结构，导致最终形成的钙钛矿薄膜中钙钛矿负载量较小，并且表面起伏较大。随后，为进一步增大钙钛矿的负载量并改善薄膜形貌，Grtzel 课题组使用浓度较大的 PbI_2 溶液充分渗透进 TiO_2 介孔层孔隙中，并通过与 CH_3NH_3I 的异丙醇溶液原位反应的方法制备出了负载量较大的钙钛矿薄膜，最终使得器件效率提升至 15%。以上方法称为"两步法"，通过 PbI_2 溶液的使用进一步提升了旋涂时的反应物浓度，所制备出的钙钛矿薄膜更为致密。除此之外，PbI_2 溶液旋涂后得到的薄膜更为平整，原位反应后所制备的钙钛矿薄膜起伏减小，使得制备的钙钛矿薄膜完整性进一步提升。而在此基础上，还发展出了具有不同微观结构的 TiO_2 介孔层。通过采用具有柱状结构的 TiO_2 介孔层，降低介孔层内部的晶界数量，有助于电子在 TiO_2 介孔层中的传输。而水热法的金红石型 TiO_2 介孔层更是将 TiO_2 致密层与介孔层合二为一，并且避免了 TiO_2 多孔层制备过程中的高温烧结过程，使得器件制备条件更加温和。除 TiO_2 外，ZnO 是另一类目前研究较为广泛的半导体介孔材料。使用 ZnO 制备的钙钛矿太阳能电池器件效率也可达到 15% 以上。TiO_2 介孔层在制备过程中大多需要经过烧结过程以除去有机物并增强纳米颗粒间黏结性，限制了 TiO_2 介孔层在柔性钙钛矿器件上的应用。而 ZnO 介孔薄膜的制备工艺更加简单，可以在相对较低的温度下制备，恰好弥补了 TiO_2 介孔层在这方面的劣势。

2. 基于绝缘体介孔材料的钙钛矿太阳能电池

绝缘体介孔材料由于导带较高，电子无法注入，在钙钛矿电池制备过程中只起到介孔骨架辅助成膜的作用，而不参与载流子输运，因此在材料的选择上具有较大自由度。Al_2O_3 是目前研究较为广泛的一种绝缘体介孔材料。Al_2O_3 初次作为钙钛矿太阳能电池的介孔骨架材料就表现出了与 TiO_2 相当的器件性能。随后，Ball 等通过旋涂 Al_2O_3 纳米颗粒分散液的方法制备 Al_2O_3 薄膜，从而避免了介孔层制备过程中高温烧结过程的引入，并在较低温度下制备出了器件性能超过 12% 的钙钛矿太阳能电池。而 Wojciechowski 等则进一步优化了致密层的制备工艺，通过非高温过程成功制备出 TiO_2 致密层，从而实现了整个器件制备流程的低温化，使制备柔性钙钛矿太阳能电池成为可能。除 Al_2O_3 之外，研究人员也发展了其他绝缘介孔材料，例如使用 ZrO_2 作为介孔材料的钙钛矿太阳能电池光电转换效率达到 10.8%，而采用 SiO_2 作为介孔骨架材料的器件效率可达到 11.5%。

除绝缘介孔材料种类外，介孔层厚度及钙钛矿表面形貌也会对器件性能产生很大影响。随着 Al_2O_3 介孔薄膜厚度的减小，介孔层表面的钙钛矿覆盖层逐渐增加，最终趋于一层连续的钙钛矿薄膜，短路电流逐渐增大。韩宏伟等进一步对电流变化趋势与钙钛矿覆盖层的关系进行了讨论，发现较大的钙钛矿覆盖层可以有效增大钙钛矿厚度，从而增强器件吸光能力。因此，即使绝缘介孔材料不直接参与电荷传输过程，也可通过调节绝缘介孔材料膜厚的方法调节钙钛矿表面形貌与钙钛矿覆盖层厚度，进而优化器件性能。

4.2 平面结构钙钛矿太阳能电池

平面结构钙钛矿太阳能电池没有采用介孔材料，而是直接在基板表面制备一层厚度为几百纳米的钙钛矿薄膜，与其两侧的 p 型和 n 型半导体构成三明治结构。由于钙钛矿本身具备非常长的载流子扩散长度及载流子寿命，因此无须借助半导体介孔骨架来传输电子也可实现高效的载流子收集。同时由于没有介孔材料，就可以完全避免介孔薄膜处理所引入的高温烧结过程。由于没有了介孔层在器件结构以及制备工艺方面的限制，平面结构钙钛矿太阳能电池的材料体系、制备工艺都得到了很大拓展，并且提升了钙钛矿太阳能电池在柔性化功能器件方面的潜力。因此，虽然与介孔结构钙钛矿太阳能电池相比，平面结构钙钛矿太阳能电池起步较晚，但也得到了广泛的研究。

1. 基于溶液法制备的平面结构钙钛矿太阳能电池

最早有关平面结构的钙钛矿太阳能电池尝试采用了一步溶液法来制备钙钛矿薄膜。由于没有介孔层薄膜对钙钛矿成膜的辅助作用，该方法所制备的钙钛矿薄膜覆盖率较低，表面起伏较大，无法形成较为完整且膜厚均匀的钙钛矿薄膜。由于没有介孔层的存在，未被钙钛矿覆盖的电子传输层直接与空穴传输层接触会产生严重的漏电流,最终使器件性能大幅下降。虽然可以在制备薄膜之后通过热退火对钙钛矿薄膜形貌进行改善,但由于钙钛矿薄膜的初始形貌均匀性较差,仍无法完全解决一步溶液法存在的问题。因此,在介孔结构下广泛使用的一步溶液法无法直接移植到平面结构钙钛矿电池上。

与一步溶液法相比,采用两步溶液法由于 PbI_2 溶液浓度较高,因此所制备的钙钛矿薄膜具有较高的覆盖率。由于 PbI_2 薄膜较为平整,与 CH_3NH_3I 原位反应后所制备的钙钛矿薄膜也表现出较高的平整度。因此,两步溶液法适用于平面结构钙钛矿太阳能电池的制备。柳佃义等先利用旋涂法制备 PbI_2 薄膜,随后浸泡于 CH_3NH_3I 溶液中原位反应生成钙钛矿,所制备的平面结构钙钛矿太阳能电池效率达到 15.7%。黄劲松课题组则采用在 PbI_2 薄膜表面直接旋涂 CH_3NH_3I 溶液的方法,经过退火后也得到了高质量的钙钛矿薄膜。

2. 基于气相法制备的平面结构钙钛矿太阳能电池

虽然两步溶液法可以在很大程度上改善钙钛矿薄膜形貌,但是在 PbI_2 与 CH_3NH_3I 溶液反应过程中,还伴随着诸如 PbI_2 反应不完全、钙钛矿结晶不完整的缺点,因此,在溶液两步法的基础上,杨阳课题组对两步溶液法进一步进行了改进,将旋涂制备的 PbI_2 薄膜与 CH_3NH_3I 蒸气反应,发展了气相辅助的溶液方法。钙钛矿薄膜覆盖率与平整度均得到较大改善,晶粒尺寸也明显增大。

然而气相辅助的溶液方法也有先天缺陷,即之前制备的 PbI_2 薄膜形貌是最终钙钛矿形貌的基础,虽然 PbI_2 薄膜较为平整,但由于其仍基于溶液方法制备,在结晶过程中不可避免地会产生不均匀性。因此,如果能改进 PbI_2 薄膜的制备方法,改善 PbI_2 的薄膜质量,必然会进一步提升钙钛矿太阳能电池的器件效率。Snaith 课题组将 PbI_2 与 CH_3NH_3I 用二元共蒸镀的方法原位制备出了钙钛矿薄膜。由于采用热蒸镀方法,钙钛矿制备过程彻底排除了溶液结晶过程的影响,最终所制备的钙钛矿薄膜覆盖率非常高,并且具有远超溶液法的平整度。但是这种二元共蒸镀方法也有其局限性,如制备工艺比较复杂、制备成本较高等,虽然薄膜制备效果好,但不适用于大规模生产。

4.3　反向结构钙钛矿太阳能电池

目前大部分钙钛矿太阳能电池都是常规的 nip 结构,即光线入射穿过的功能层先后顺序分别为电子传输层、钙钛矿层、空穴传输层。目前最常用的电子传输层为 TiO_2 致密层,具有成本低、电子传输性好的优势,为确保其晶型完全转变,制备时一般需要高温加热过程。虽然目前也有低温制备 TiO_2 致密层的方法,但是所制备的器件性能以及应用范围与传统高温加热法相比仍有差距,因此,常规 nip 结构器件在柔性化器件的制备方面存在一定困难。而反观在柔性光伏器件领域发展迅速的 OPV 器件,则大多采用 pin 的反向结构,直接在柔性基底上旋涂 PEDOT:PSS 作为空穴传输层,整个器件制备过程中均不涉及高温过程。钙钛矿太阳能电池如果采用反向器件结构,就可避免高温过程的引入,更加有利于器件向柔性化、功能化方向发展。

平面结构的钙钛矿太阳能电池由于不需要多孔层,因此各个功能层更易于通过旋涂方法制备，制备方式与 OPV 器件更加类似，因此，目前 pin 结构器件大多采用平面结构构建。与 OPV 太阳能电池类似，在反向结构的钙钛矿太阳能电池中，目前使用最为广泛的空穴传输材料为 PEDOT:PSS，而电子传输材料多使用 C_{60} 衍生物。Lim 等通过调控 PEDOT:PSS 的逸出功，将器件效率提升至 11.7%。黄劲松等通过钙钛矿薄膜以及电子传输层的调控，将器件效率提升至 15.4%，基本达到了与正向结构相同的光电转换效率。

虽然 PEDOT:PSS 具有制备工艺简单、成膜性好的优势，但是由于 PSS 中磺酸基较多，PEDOT:PSS 薄膜会有较强的吸湿性和一定的酸性。钙钛矿本身对湿度较为敏感，PEDOT:PSS 薄膜吸湿后可能会加速钙钛矿器件性能的衰退，对器件性能的长期稳定性产生不利影响，因此在 PEDOT:PSS 之外，研究人员也发展了一系列其他空穴传输层。孙宝泉等将石墨烯引入反向钙钛矿电池中作为空穴传输层，经过不同的表面处理过程，钙钛矿可以在石墨烯表面形成非常均匀的薄膜，所制备的器件效率达到 11.1%。与有机空穴传输层相对应，基于无机空穴传输层的反向钙钛矿太阳能电池也得到了广泛研究。郭宗枋等采用 NiO_x 作为空穴传输层，有效地提高了器件的开路电压。杨世和等通过构造具有波纹状微结构的 NiO 薄膜成功改善了钙钛矿晶体的结晶性，获得了 9.11% 的光电转换效率。

4.4　无空穴传输层结构钙钛矿太阳能电池

无论 nip 正向钙钛矿太阳能电池还是 pin 反向钙钛矿太阳能电池，为保证激子的高效分离，在钙钛矿两侧都具有完整的 n 型和 p 型半导体层分别传输电子和空穴，虽然钙钛矿材料成本较低且器件制备成本也较低，但是目前所使用的很多电子传输材料（如 PCBM）和空穴传输材料（spiro-OMeTAD）成本较高，这极大地提高了钙钛矿太阳能电池的成本，限制了钙钛矿太阳能电池的大规模应用。在正向结构中，如 TiO_2 致密层等低成本无机 n 型半导体可以制备出高效器件，而不必依赖于高成本的有机电子传输材料。但对于空穴传输材料而言，诸如 CuSCN、CuI 等无机 p 型半导体仍无法替代有机空穴传输材料 spiro-OMeTAD。因此，制备没有高成本空穴传输层的钙钛矿太阳能电池是降低电池成本的最佳途径之一。钙钛矿材料本身具有电子-空穴双重传输性，并且载流子扩散距离很长，因此钙钛矿自身可以传输电子或空穴，空穴可不经空穴传输层而通过钙钛矿直接传输至对电极。基于以上设想，Etgar 等将钙钛矿既作为吸光材料也作为空穴传输材料，所制备的器件效率为 5.5%，证明了无空穴传输层器件结构的可行性。通过采用两步法等手段进一步优化钙钛矿表面形貌后，器件效率已经突破 10%。

在摆脱对高成本空穴传输材料的依赖后，金、银等贵金属对电极就成为限制器件成本进一步降低的主要因素。碳材料广泛应用于染料敏化太阳能电池中充当对电极材料，并且与贵金属具有近似的逸出功，具有在钙钛矿太阳能电池方面取代金、银等贵金属对电极的潜力。因此，在无空穴传输层结构的基础上，研究人员发展了一系列碳对电极钙钛矿太阳能电池。通过打印碳电极的方法制备的器件效率为 6.6%。而经过进一步改善薄膜制备工艺后，所制备的无空穴传输层碳对电极钙钛矿太阳能电池器件效率可以达到 12.8%，并且表现出了优异的稳定性。

4.5　纤维形态钙钛矿太阳能电池

　　钙钛矿太阳能电池发展至今，在器件效率逐步提升的同时，面向某些特殊应用的新型钙钛矿太阳能电池结构也逐步得到发展，其中柔性钙钛矿太阳能电池就是当前的研究热点之一。柔性光伏器件具有轻型、抗外压、低成本、运输与安装便利、可卷对卷印刷等优点，对发展更低成本、轻质、高效的柔性便携电子产品具有重要意义。目前钙钛矿太阳能电池主要采用硬质的 FTO 透明导电玻璃，这极大地限制了所制备的器件形态以及器件整体的柔性化。在柔性电子学领域，通常的策略是采用传统硬质电子器件的制备方法，在柔性基底表面构筑合适的功能层，进一步组装加工获得柔性的电子器件，一般可选择的有效柔性基底材料种类不多，主要为聚合物薄膜，包括聚酯类材料（如 PET、PEN等）、聚酰亚胺材料、聚醚醚酮材料等。在其他多种电子器件领域，基于这种策略已经成功制备出多种柔性器件，以 Roger 教授研究团队为代表的研究人员通过 bottom-up 或top-down 途径，开发了一系列高效的无机半导体纳米材料，并在较低温度下集成到柔性基底上制备了高效、大面积的柔性电子器件，取得了重要的进展。以斯坦福大学的鲍哲南教授为代表的研究团队在发展基于有机小分子或聚合物半导体的柔性/可拉伸电子器件方面也取得了颇受关注的成果。而在钙钛矿太阳能电池方面，由于在器件制备过程中大多涉及高温处理过程，会对柔性导电基底产生破坏，因此制备柔性平板状钙钛矿太阳能电池的核心问题是避免高温处理过程。Kelly 课题组基于此策略通过低温制备 ZnO 作为电子传输层成功构筑了柔性平板钙钛矿太阳能电池。Snaith 课题组则借鉴 OPV 的层状低温制备工艺，在柔性基底上制备出了柔性钙钛矿太阳能电池。这些研究成果都显示出钙钛矿太阳能电池柔性化的可行性。但由于柔性导电基底无法耐受较为苛刻的制备条件，因此限制了柔性钙钛矿器件的制备手段，所制备出的器件效率也与传统钙钛矿太阳能电池存在一定差距。因此，在低成本、大面积的柔性基底上采用创新性策略构筑高效的钙钛矿太阳能电池，最终实现柔性电子技术的成功应用，依然需要在新的化学、材料、界面属性、机械性能等方面进行不断尝试与探索。

　　1. 纤维状电子器件

　　除了以上提及的柔性化策略外，将传统平板形态的柔性电子/光电子器件"低维化"构筑纤维形态的柔性电子／光电子器件是近些年来新发展的重要策略，在可穿戴柔性器件方面表现出了独特的优势。近年来，随着便携式电子设备的不断普及，电子设备与诸如眼镜、衣物等日常用品的界限日渐模糊，柔性可穿戴电子器件受到广泛关注。早期的可穿戴电子器件大多直接将微型电子设备混编到编织物基底中，虽然在宏观上表现出了可穿戴电子设备的特性，但是微观上电子设备与可穿戴织物基底仍然是分离的。纤维电子/光电子器件是指基于纤维基底或基于纤维集成的织物基底的宏观柔性电子/光电子器件，通常构成器件的基底纤维直径超过 10 μm，最高可达 mm 级。除了具备平板柔性电子/光电子器件的诸多优点之外，纤维形态的太阳能电池具有独特的三维采光优势，可以充分利用来自各个角度的漫反射光。并且由于纤维形态具有较大的长径比，往往使得器件具有较好的柔性与抗弯折性，因此可以与可穿戴电子器件相复合，应用于智能衣物、发电帐篷等领域。近年来，采用纤维状电子器件作为基本单元直接进行编织以制备可穿戴设备这一策略得到了越来越多的发展，进一步从真正意义上实现了"多功能电子编织物"的概念。

基于器件"低维化"构筑纤维状电子器件这一策略已经在很多领域得到验证，且表现出了巨大的应用潜力，如图 4-1 所示，2003 年，Rossi 等采用电阻纤维作为电极制备了用于检测心电图信号的传感器。近年来，纤维复合传感器、纤维传动器、纤维晶体管、纤维有机发光器件等耗能器件也都被成功制备出来，而纤维热电转换器件、纤维压电转换器件和纤维光电转换器件等纤维状能量转化器件相继被提出。在这些能量转换器件中，纤维状太阳能电池由于成本较低、能量转换效率较高等优势而深受研究者的青睐，纤维状太阳能电池采用金属纤维取代传统的柔性透明导电电极，电极材料来源广泛，材料成本低。由于采用金属电极取代高分子柔性基底，电极材料对制备工艺的耐受性大幅提高，有助于引入更加多样的器件制备条件。由于金属纤维基底本身具有较大的长径比，因此纤维电池具备良好的柔性。由于金属纤维表面为曲面，因此与传统平板电池相比，输出功率对日照角度的依赖性较小，三维采光能力突出。由于以上优点，纤维太阳能电池展现出了非常可观的应用前景，钙钛矿纤维电池的研究也随着钙钛矿制备工艺的发展而逐步展开。2007 年，北京大学邹德春课题组首次提出了一类基于双纤维电极体系的纤维态太阳能电池。这种纤维电池在工作时，入射光可通过电极间隙进入光电活性层，从而实现有效的光电转换，完全避免了透明导电材料的使用，首次实现了真正意义上的柔性可编织纤维太阳能电池。这种结构还可以进一步拓展到多纤维编织结构的丝网电极体系中，在器件模块化以及形态多样化方面具有非常巨大的潜力。目前，采用钛丝基光阳极、铂丝对电极、I_{3-} / I^- 基液态电解液和毛细管封装制备的纤维 DSSC 的光电转换效率超过了 7%，报道的大尺寸高效器件长度达到 10cm。但是由于所制备的纤维光伏器件仍基于染料敏化太阳能电池体系，采用电解液作为空穴传输介质，因此在器件封装以及环保等方面存在一定劣势。发展一种高效的固态纤维太阳能电池是这一领域发展的终极目标，而钙钛矿太阳能电池的出现为这一目标的实现提供了契机。

(a) 基于单纤维电极体系的纤维电池　　　　(b) 基于双纤维电极体系的纤维电池

 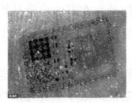 

(c) 基于丝网电极体系的纤维电池

图 4-1　纤维电池的研究进展

2. 纤维状钙钛矿太阳能电池

与传统平板钙钛矿电池的透明电极一侧入射不同，纤维电池由于采用不透明的纤维基底，光线必须穿过对电极入射才可被钙钛矿层吸收，即背照光模式。因此，制备纤维状钙钛矿电池首先要解决透明对电极的制备问题。通过采用不锈钢丝作为金属电极，采用透明的碳纳米管薄膜作为导电电极，彭慧胜等基于钙钛矿材料体系首次制备出了纤维状的太阳能电池，所制备的电池效率为 3.3%。该电池结构与平板钙钛矿电池非常类似，在不锈钢丝表面制备了 TiO_2 致密层以防止复合，并采用 TiO_2 纳米颗粒辅助钙钛矿成膜，采用固态空穴传输材料 spiro-OMeTAD 作为空穴传输层，所不同的是采用透明的碳纳米管薄膜作为透明对电极解决了背照光下的光线入射问题。此后，通过温和的溶液方法在不锈钢纤维基底表面原位制备了长度可调的 ZnO 阵列以取代传统的 TiO_2 纳米颗粒多孔层。由于 ZnO 阵列与基底表面垂直，更加有利于钙钛矿前体溶液渗透入阵列间隙，可以有效提高钙钛矿的孔隙渗透情况，所制备的器件效率达到 3.8%。并在弯曲 200 次后仍可保持 93%的器件效率，但是以上工作均采用不锈钢作为纤维电极基底，在加热过程中，不锈钢会发生氧化，从而阻碍载流子传输，对器件性能产生影响。李清文等以碳纳米管纤维作为纤维电极基底，基于双缠绕结构制备了纤维状钙钛矿太阳能电池，所制备的器件效率为 3.03%。碳纳米管具有良好的化学及热稳定性，以此作为纤维基底可以有效避免因电极材料氧化造成的器件性能降低，并且碳纳米管纤维具有非常小的直径，使得器件柔性大幅提升，在器件弯曲 1000 次后性能也没有明显下降。除碳材料外，金属钛是另一类化学性质非常稳定的电极材料。彭慧胜等在弹簧状的钛丝基底上制备出钙钛矿太阳能电池，并采用表面被导电碳纳米管覆盖的弹性纤维作为导电电极，在弹性纤维钙钛矿太阳能电池方面做出了尝试，并对其拉伸稳定性进行了表征。尽管以上工作都在一定程度上解决了纤维钙钛矿电池的制备工艺问题，但纤维电池制备中至关重要的透明对电极材料均采用成本高昂的碳纳米管薄膜，不利于将来向产业化推进。并且由于碳纳米管本身导电性较高，但较金属仍有一定差距，随着器件长度的增加，使用碳纳米管势必会造成较大的串联电阻，从而降低器件性能，不利于制备大尺寸的纤维钙钛矿太阳能电池。因此，理想的透明对电极必须具备良好的透光性以及导电性，并同时兼顾较低的材料成本。Lee 等采用喷涂银纳米线异丙醇分散液的方法制备透明对电极，所制备的器件效率达到 3.85%。相较于碳纳米管薄膜，银纳米线的材料成本较低，并且具备良好的导电性，是一类更为理想的透明对电极材料。但是银纳米线本身稳定性较差，易被氧化，因此器件对封装要求较高。除此之外，由于银纳米线采用异丙醇分散，在喷涂过程中，异丙醇会对钙钛矿功能层造成一定破坏。因此，在纤维电池结构中，找到一种具备良好透光性与导电性、成本低廉，并与钙钛矿材料兼容性良好的对电极材料，是进一步提升钙钛矿纤维电池性能的关键。

由此可见，制备高效纤维状钙钛矿太阳能电池，并非是在纤维状基底上将光电活性材料进行简单堆砌就可以实现的，功能纤维或其光电活性功能层的界面和微纳结构都对器件光电特性有显著的影响。必须通过合理的电极结构设计和严格的制备工艺控制，才能制备出较高效率的纤维状太阳能电池。因此，需要针对器件的纤维形态特性围绕器件结构设计、器件制备工艺、功能层界面性质以及透明对电极制备等方面的科学问题开展研究。由于形态上的巨大差异，纤维状钙钛矿太阳能电池需要在目前平板钙钛矿太阳能器件结构之上，针对纤维形态进行改良和优化。由于纤维基底表面存在一定弧度，很难完全采用传统平板钙钛矿电池常用的旋涂成膜方法，因此需要针对钙钛矿材料曲面成膜工艺进行探索，讨论弯曲基底对于钙钛矿表面形貌及结晶情况的影响。除此之外，纤维状钙钛矿太阳能电池采用的是背照光模式，即光线从对电极一侧入射，因此，在设计器件制备方案时，就要考虑对电极以及空穴传输材料对光线的吸收。如何兼顾电极材料的透光性和导电性是面临的主要问题之一。

　　基于以上研究思路，借鉴平板钙钛矿电池的器件结构，北京大学邹德春课题组制备了具有 Ti/C-TiO$_2$/介孔 TiO$_2$/钙钛矿/spiro-OMeTAD/Au 结构的纤维钙钛矿电池，如图 4-2 所示。钙钛矿太阳能电池的各个功能层总厚度仅为 1μm，而使用的钛丝基底直径为 250μm，基底表面出现任何不平整都可能导致钙钛矿器件发生短路，严重影响器件性能。因此，在器件制备前，他们对钛丝基底进行了抛光等预处理，使得钛丝基底表面平整度大幅提升。除基底形貌之外，作为空穴阻挡层的 TiO$_2$ 致密层也可以有效防止因激子复合产生的器件短路。而与传统的平板钙钛矿太阳能电池相比，纤维电池的基底曲率更高，成膜更加困难。平板钙钛矿太阳能电池的 TiO$_2$ 致密层制备一般采用旋涂钛酸酯溶液之后加热水解的方法，然而由于纤维基底表面的高曲率，传统的溶液旋涂法难以适用于纤维电池。邹德春课题组在较为平整的钛丝基底上采用电加热法，原位生成了 TiO$_2$ 致密层，并通过电流调节加热温度，通过调节加热时间调控致密层厚度，最终制备出厚度可调、

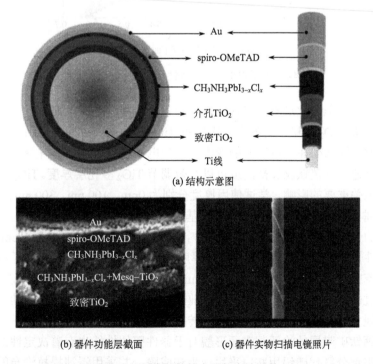

(a) 结构示意图

(b) 器件功能层截面　　　　　　　　(c) 器件实物扫描电镜照片

图 4-2　纤维钙钛矿太阳能电池器件

表面平整均匀的 TiO_2 致密层，使用电加热工艺后，钙钛矿电池的开路电压与器件短路电流密度基本不变，但填充因子由 0.40 大幅提升至 0.60，器件效率由 3.1%提升至 4.5%。这说明通过电加热制备出的 TiO_2 致密层可以有效降低器件复合情况，提升器件性能。而随着加热时间的延长，TiO_2 致密层厚度逐渐加厚，过厚的 TiO_2 致密层又会导致器件的串联电阻大幅上升，反而会对电荷传输带来不利影响。如图 4-3 所示，随着电加热时间由 2min 提升至 20min，TiO_2 致密层厚度逐步提升，器件短路电流密度由 12.3 mA/cm^2 显著降低至 3.94mA/cm^2。

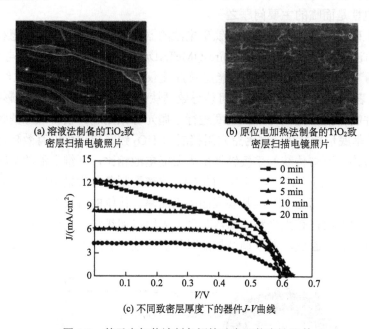

(a) 溶液法制备的TiO_2致
密层扫描电镜照片

(b) 原位电加热法制备的TiO_2致
密层扫描电镜照片

(c) 不同致密层厚度下的器件J-V曲线

图 4-3　基于电加热法制备钙钛矿太阳能电池器件

之后，针对纤维电池形态的特殊性，在制备有致密层的钛丝表面水平涂覆的同时施加轴向旋转涂覆 TiO_2 浆料，制备出了均匀的 TiO_2 多孔层，以此作为钙钛矿材料的多孔骨架材料以改善钙钛矿在纤维表面的成膜性并为电子提供传输通道。在旋转涂覆过程中，通过调节涂覆速度以及钛丝加热温度可以有效调节 TiO_2 多孔层厚度。TiO_2 多孔层厚度对器件效率有至关重要的影响。尝试使用厚度分别为 0nm、100 nm、300 nm、500 nm、800 nm 的多孔层制备钙钛矿太阳能电池，其中基于 300 nm 的 TiO_2 多孔层所制备的器件表现出最为优良的光电性能，开路电压为 0.62V，短路电流密度为 11.49 mA/cm^2，填充因子为 0.63，器件性能达到 4.57%。当多孔层厚度超过 300nm 时，已经超过了激子的扩散长度，短路电流密度由 11.5mA/cm^2 降为 1.61mA/cm^2。而当多孔层厚度降低到 100nm 以下时，多孔层过薄，不足以吸附足量钙钛矿前体溶液，使得钙钛矿薄膜连续性下降，导致薄膜表面出现大量缺陷，所制备出的器件转换效率基本为零。

此外，钙钛矿膜层的涂覆与表面形貌对于器件整体性能也有着决定性的影响，邹德春课题组选用部分氯代碘铅甲胺，采用一步法成膜，并采用浸渍提拉涂布的方法在纤维基底表面涂覆钙钛矿前体溶液。基于这一基本的钙钛矿成膜方法，他们进一步探讨了不同浸渍时间以及提拉速度对纤维基底表面钙钛矿成膜性的影响，并得出浸渍 2min 后提拉成膜为钙钛矿的最优成膜条件。此方法使钙钛矿层较为平整且晶体颗粒大，有助于载流子的传输并减小了复合。如果钙钛矿层不平整，可能在涂布空穴传输层的时候有部分岛状钙钛矿未能被空穴传输层完整包覆，导致部分短路，使整体效率受到影响。与钙钛矿层类似，基于浸渍提拉的方法也可以在纤维基底表面制备出平整均匀的空穴传输层。

　　由于纤维电池器件结构的特殊性，纤维电池必须采用背照光的采光模式，光线必须先透过对电极才能被钙钛矿层有效吸收。因此，透明对电极的制备是影响纤维电池器件性能的关键因素。在平板钙钛矿电池中，金由于具有良好的能级匹配性以及化学稳定性，是目前应用最广的对电极材料，此外，厚度为 10nm 左右的金薄膜，在微观下呈半连续的岛状结构，在保持较高导电率的同时具备了良好的透光率（可见光波长范围透光率为 65%～80%），是一类非常理想的纤维电池对电极材料。其次，由于采用磁控溅射或者蒸镀的方法制备薄层透明金对电极的整个过程没有溶液参与，并且不会对器件表面产生刮擦等物理性伤害，可以有效保持器件功能层的完整性，有利于器件性能的进一步提升。最后，由于对电极制备工艺较为简单，且对电极成本较低（金膜层厚度很小，单位器件长度的金用量很小），非常易于制备大尺寸的固态纤维电池。经测试发现，采用磁控溅射法制备的金纳米颗粒粒径为 20～50nm 时的面电阻为 $12\Omega/cm^2$，与 FTO（$11\Omega/cm^2$）的电阻基本相当，而整体透光率可以维持在 65% 以上，表现出良好的导电性与透光性。基于金透明对电极的钙钛矿纤维状太阳能电池的短路电流（12.3 mA/cm^2）、开路电压（0.71V）与填充因子（0.61）均有明显提升，效率目前最高可达 5.3%，大尺寸（长度为 4cm）纤维电池的器件效率最高可达 4% 以上，如图 4-4 所示。与其他纤维电池器件结构相比，基于透明金

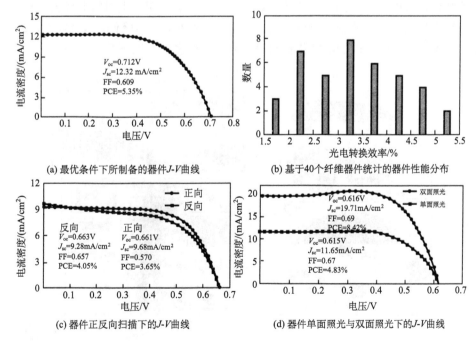

(a) 最优条件下所制备的器件 J-V 曲线　　　　(b) 基于40个纤维器件统计的器件性能分布

(c) 器件正反向扫描下的 J-V 曲线　　　　(d) 器件单面照光与双面照光下的 J-V 曲线

图 4-4　纤维电池效率

对电极的器件具有更高的填充因子，也进一步证明了器件功能层的完整性以及器件结构设计的科学性。除此之外，该课题组还进一步发展了在纤维基底上原位制备 TiO_2 以及 ZnO 纳米线阵列的技术，成功制备出长度在 100 nm～20μm 范围内可调的纳米线阵列，可以在有效提高钙钛矿负载量的同时改善载流子传输性质。

3. 纤维状钙钛矿太阳能电池的优势及潜在应用

纤维状钙钛矿太阳能电池突破了传统光伏电池的采光模式和结构形态，极大地丰富了光伏器件材料的选择范围，具有低成本、环境友好等特性。平板钙钛矿太阳能电池，采光受入射角影响，因而在实际的发电过程中，需要配套的逐日追踪系统，会对光伏发电产生额外成本。而纤维电池由于具有独特的三维采光特性，可以高效利用不同角度入射的光线，使得电池输出功率不会随光线入射角度变化而大幅波动，整体输出功率较平板电池更为稳定，有利于实际的发电并网。

除此之外，还可以将纤维状钙钛矿太阳能电池与具有不同光谱响应的电池纤维混编，构成可以吸收太阳光全光谱的编织器件，彻底解决光子波长与器件吸收光谱不匹配的问题，可以通过对编织结构的设计形成所谓的"光子笼"，即光子一旦进入"光子笼"内部就难以脱出，只能在"光子笼"内部反复散射反射，最终被全部吸收。相比于传统平板光伏电池，特殊外形电池模块很难规模化生产。对于纤维电池，上游生产商可以方便地规模化生产光伏纤维，下游生产商无需光伏领域的专业条件，即可根据用户的个性需求，编织定制各类具有光伏功能的衣服、帽子、窗帘、帐篷、手机袋等，用于 MP3、手机、PDA 等各种便携电子设备的供电、充电以及储能的需要。纤维状钙钛矿太阳能电池独特的介孔结构，可以用不锈钢丝、钛丝等耐蚀、耐热、非透明导电材料取代无机导电氧化物等传统光伏电池必需的透明电极材料，使电池的成本大幅度降低。概括起来，如图 4-5 所示，纤维状钙钛矿电池的独特优势与潜在应用主要表现在以下几个方面。

图 4-5　纤维钙钛矿太阳能电池的潜在应用

(1)纤维状钙钛矿太阳能电池突破了传统光伏电池的采光模式和结构形态,具有良好的柔性与可编织性,极大地丰富了光伏器件材料的选择范围,具有低成本、环境友好等特性。

(2)由于其特殊的纤维状形态,可对纤维钙钛矿电池进行进一步编织,通过具有不同光谱响应的电池纤维的混编构成可以吸收太阳光全光谱的编织器件,彻底解决光子波长与器件吸收光谱不匹配的问题。

(3)可以通过对编织结构的设计实现光伏发电系统与光合储能系统的有机整合和规模生产,甚至可以形成立体式的太阳能电池网络结构,例如,可以透过风沙雨水的太阳能电池"树(林)"、可以收放的太阳能电池卷等。

(4)该系统独特的介观结构可以用不锈钢丝等耐蚀、耐热、非透明导电材料取代无机导电氧化物等传统光伏电池必需的透明电极材料,使得集成系统的成本大幅度降低。

(5)光伏及储能系统集成。基于纤维钙钛矿电池的纤维状光伏发电系统可以与纤维状储能系统相整合,并与智能电网等结构和组装设计相结合,最终可以在不同工作条件下对储能系统连续供电或是对电子设备直接充电。

综上所述,钙钛矿太阳能电池发展至今基本覆盖了光伏转化器件的大多数经典结构,在器件结构方面表现出了非常高的丰富性。随着器件结构的优化以及新器件结构与制备工艺的发展,在器件效率迅速提升的同时,诸如柔性钙钛矿太阳能电池等面向特殊应用的钙钛矿太阳能电池器件也得到蓬勃发展。除在本身器件结构上进行优化外,钙钛矿太阳能电池还可与硅电池、CIGS 电池等组成叠层电池,器件效率可达到 17%以上。为进一步提升器件效率,拓展钙钛矿太阳能电池的应用领域打下了良好基础。

第 5 章　次世代太阳能电池

5.1　多结、多带隙及叠层型太阳能电池

图 5-1 显示了单带隙与多带隙材料对太阳光谱的吸收情况。当光子的能量小于材料的带隙时，光子将直接穿过材料而无法被材料所吸收。当光子的能量大于材料的带隙时，光子将被材料吸收，但多于材料带隙的能量将以热量的形式散失掉。以目前的硅基太阳能电池为例，由于硅的带隙约 1.12eV，该硅材料仅吸收能量大于 1.12eV 的光子，而多于 1.12eV 的能量以辐射或热损失形式浪费掉。因此，若能结合不同带隙的材料，则可以充分地利用太阳能光谱的能量。例如，当太阳能电池结构结合带隙为 1eV 与 2eV 的吸收材料时，太阳光中长波长的红、绿光可被带隙为 1eV 的材料吸收，而中短波长的蓝光可被带隙为 2eV 的材料所吸收，且不浪费过多的能量。

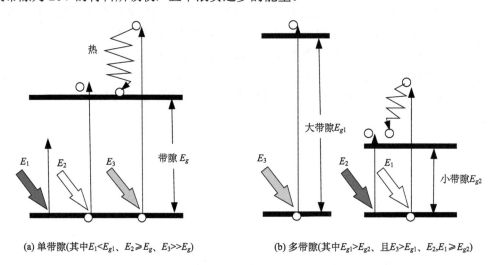

(a) 单带隙(其中$E_1 < E_{g1}$、$E_2 \geq E_g$、$E_3 >> E_g$)　　(b) 多带隙(其中$E_{g1} > E_{g2}$、且$E_3 > E_{g1}$、$E_2, E_1 \geq E_{g2}$)

图 5-1　单带隙与多带隙材料对太阳光谱的吸收情况

图 5-2 所示为基本的多带隙太阳能电池的结构示意图，该结构常见于叠层型太阳能电池，即叠层数个不同带隙结构的光吸收材料。由照光面开始，其带隙排列由大到小，如此可将太阳能光谱中不同波长的光子加以吸收转换成电能。这个概念并不新颖，早在 20 世纪 90 年代，Ⅲ-Ⅴ族化合物太阳能电池便采用该多带隙结构来制造高效率太阳能电池。这是由于Ⅲ-Ⅴ族材料具有多种元素可以组合，能满足晶格常数的匹配。然而，对于Ⅳ族的硅基薄膜而言，要形成不同带隙，需要通过掺杂锗或碳使硅的结晶状况发生改变，也需要良好的设备与制备技术相配合。

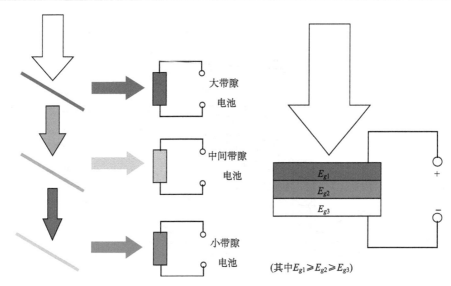

图 5-2　基本的多带隙太阳能电池的结构示意图

注：其光吸收层材料的带隙，由电照光面开始，依序由大到小

此外，对于多带隙结构中的带隙选择，不能只是满足由照光面依序由大到小，还需要考虑到光谱能量的最佳化分配。举例来说，若叠层两个带隙相差太大的光吸收材料，则会导致低能量光谱不能被大带隙材料吸收，而高能量光谱被小带隙材料吸收时，又会产生过多的热损失。

图 5-3 所示为两种不同带隙的材料组合时得到的理论转换效率。对于四结电池，在带隙选择为 1.8eV/1.4eV/1.0eV/0.9eV 的组合下，其理论效率可达 52%。

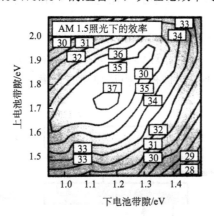

图 5-3　AM1.5 照光条件下，两个 PN 结电池串联，不同的带隙所对应的理论效率值

以硅薄膜叠层型太阳能电池为例，其结构上有三层主要的半导体薄膜，分别为 P 型半导体层、N 型半导体层以及本征层(intrinsic layer)。早期叠层型太阳能电池的本征层一般采用低成本的非晶硅薄膜。而目前多采用微晶硅(1.2～1.6eV)或纳米晶硅(1.1～2eV)作为本征层材料。以美国专利为例，1998 年，日本 Canon 公司便提出了双层 P-i-N 叠层型太阳能电池结构(美国专利号：6166319)，其结构示意图如图 5-4 所示。

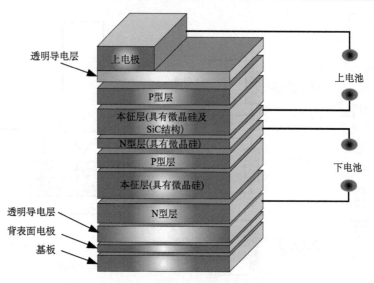

图 5-4　具有微晶硅及 SiC 本征层的双层 P-i-N 叠层型太阳能电池结构图

　　为了提高转换效率，此专利在 P-i-N 结构上叠加与 P-i-N 相同类型的太阳能电池。较特殊的是，在第二 N 型半导体层中也包含微量的微晶硅薄膜，形成具有微晶硅的 N 型半导体层。而其中，在第二本征层内沉积的微晶硅与先前的结构有一定差异，是具有掺杂 Ⅳ族合金元素碳所形成的微晶碳化硅层。相对而言，第二层的结构更能提高带隙，增加光子吸收率，形成双层 P-i-N 叠层型太阳能电池结构。

5.2　中间能带型太阳能电池

　　中间能带(intermediate-band/mini-band)结构的理论依据是在导带与价带之间引进额外的能带或带隙。如图 5-5 所示，理论上，如果掺杂浓度越大，则掺杂原子之间的距离会越近，掺杂原子之间就不能再被视为相互独立的。掺杂原子的能级互相耦合，于导带与价带之间引入中间能带。

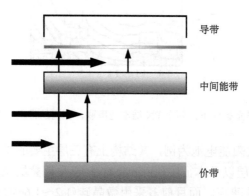

图 5-5　中间能带原理示意图

　　然而实际上，如此高浓度的掺杂体可能会和原来的材料形成合金结构。但中间能带的引入，却可以让原本能量小于带隙而不被吸收的光子有机会被吸收，从而增加光电流，因此这也是一种提升效率的方法。

　　此外，使用材料的量子结构，如量子阱（quantum well）、量子线（quantum wire）、量子点（quantum dot）、超晶格和纳米颗粒，也可提供额外的能级或能带，如图 5-6 所示，以量子点为例，它不仅能提供额外的能级，增加不同波长光的吸收，而且它本身的能级结构，还会大幅抑制载流子在能级间利用放射声子释放，使得载流子通过碰撞电离（impact ionization）的概率增加，用以产生额外的电子-空穴对。

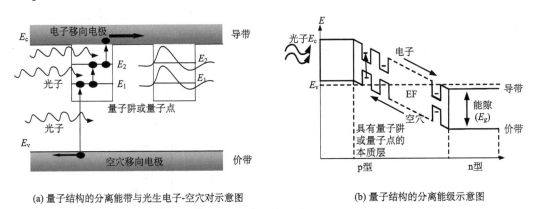

(a) 量子结构的分离能带与光生电子-空穴对示意图　　　　　　(b) 量子结构的分离能级示意图

图 5-6　量子结构应用在太阳能电池的示意图

　　中间能带的引入，可将太阳能电池的转换效率提高到 63%左右。事实上，早在 1960年，中间能带的理论就已被提出，但由于技术上的限制始终未能有效地加以利用，近年来中间能带理论逐渐受到重视。硅基太阳能电池仅吸收光子能量大于硅带隙（约 1.12eV）的光子，而太阳光中较低能量的光子则会产生辐射或热损失而无法加以利用，量子结构中间带隙的引入，可吸收这些次带隙（subband gap）光子，将其转换成电力，从而提高原有太阳能电池的转换效率。

5.3　热载流子太阳能电池

　　热载流子太阳能电池（hot carriersolar cell）是通过让载流子在能带间从外界获得能量的速率大于载流子在能带间发射声子（emitted phonon）的能量释放速率，以产生热载流子，从而获得更多电子-空穴对。多结太阳能电池虽能有效地解决载流子能带内的能量利用，但仍要面对另一个物理上的限制——载流子能带间的能量释放（interband energy relaxation）。载流子能带间的能量释放一般伴随电子-空穴对复合的过程发生。电子-空穴对复合有三种可能的机制，分别为光放射、多声子放射以及俄歇过程。以能量传输的观点来看，光放射是载流子将能量转成光子能量，多声子放射则是载流子将能量传给声子并产生热能。而在俄歇结合过程中，至少同时需要有两个电子参与结合过程，因此在低掺杂浓度的情况下较不易发生，一般不加以考虑。理论上，倘若能抑制载流子能带间的光放射和声子放射两个物理过程，就能减少载流子能带间的能量释放，而让载流子一直保持自身的能量。这样晶体中的平均能量增加，载流子温度升高，造成热载流子现象。

图 5-7 简单描绘出了热载流子太阳能电池的工作原理。量子点或量子阱的引入使得接触金属无法快速提供载流子以冷却热载流子，因此热载流子得以收集保存，进一步产生冲击离子化。换句话说，在施加高电场的情况下，载流子(电子或空穴)吸收高电场能量而获得足够的动能，以至于与原子产生撞击时会具有破坏晶格键合的能量，当晶格键合被破坏后会产生另一组载流子对。这些新产生的载流子对会继续吸收高电场所带来的能量，持续相同过程产生新的载流子对，如此循环往复，这种过程又称为雪崩倍增(avalanche multiplication)。将这种热载流子的冲击离子化原理应用于太阳能电池产生更多的电子-空穴对，理论效率甚至可达 68%。目前，热载流子太阳能电池的技术还不成熟，在商业应用上仍有一些待克服的缺点。

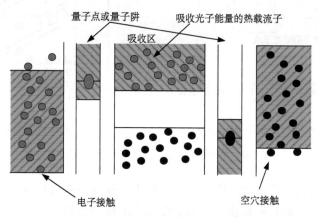

图 5-7　热载流子太阳能电池的原理

5.4　热光伏太阳能电池

热光伏器件(thermophotovoltaic，TPV)的设计是将高温热源产生的光辐射转换成电能。热光伏器件和光伏(photovoltaics，PV)器件的结构类似，只是热光伏器件的入射光是来自高温热源产生的光辐射，一般是以 900～1300℃的热能转换为主，而传统光伏器件的入射光则是来自太阳光辐射。

美国华盛顿大学车辆研究院曾制作热光伏器件。以光伏电池环绕在陶瓷管外围，当光伏电池吸收近红外线(near infrared)光谱中的光子后，便会燃烧其陶瓷管，并将其所产生的热能转换成电能，主要器件示意图如图 5-8 所示。由于这种器件也可用于夜间，因此也称其为夜间发电机(midnight sun generator)。虽然热光伏器件具有日夜转换电力的能力，但成本较高，因此仅限于偏远地区的电力发电、高级车种的配备或小型电子器件等应用，未来发展将以降低成本并维持原有电力输出为目标。

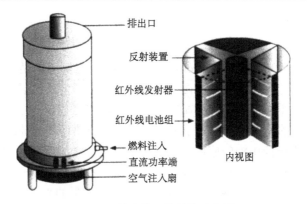

图 5-8　热光伏器件结构示意图

图 5-9 为热光伏和热光子器件的示意图。该热光伏器件通常是以吸收燃烧天然气或石油等热源的热量来进行电力转换。因此，热光伏系统可以认为属于火力发电，而不是太阳能发电。另一种热光伏原理的应用是热光子器件，其热光子的概念又称为加热二极管（heated diode）。其工作原理为：利用一对处于光耦合但热独立状态的两相对二极管，当其中一个二极管的温度远高于另一个时，热能会转变成电能通过电阻传递给低温二极管，理论上该方式下的热-电转换效率可以达到卡诺循环的理论值。

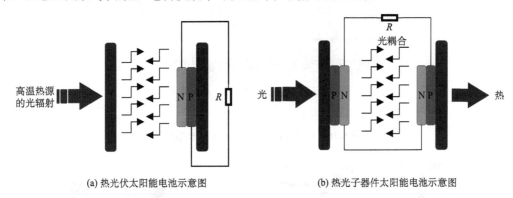

(a) 热光伏太阳能电池示意图　　　　　　　(b) 热光子器件太阳能电池示意图

图 5-9　热光伏和热光子器件的示意图

5.5　频谱转换太阳能电池

传统太阳能电池的技术发展，主要以改变半导体的材料及结构来提高器件对于太阳能的吸收。由于太阳能电池无法充分吸收各波段的太阳光谱，我们可以调整思路，使用频谱转换的方式，将太阳光改变成可以被太阳能电池充分利用的频率，达到高效率太阳能电池的设计目标。频谱转换的设计一般可以分为三类，包括频谱上转换型、频谱下转换型和频谱转换集中型。

1. 频谱上转换

频谱上转换(spectral up-conversion)太阳能电池的主要架构是将具有转换低能量光子的频谱上转换器放置在太阳能电池之后，其后再放置一个反射层，如图 5-10 所示为频谱上转换型太阳能电池的结构图。太阳能电池仅吸收光子能量大于太阳能电池光吸收层带隙的光子，而多余的能量较低的光子则会产生辐射或热而损失掉。图 5-11 为频谱上转换器的原理与其在太阳能电池的应用示意图，将能量低于太阳能电池带隙的入射光子，转变成能量高于带隙的光子，再经由反射层反射这些高能量的光子，让太阳能电池可以再次吸收，产生电子-空穴对。例如，原本具有 1.1eV 能量的光子，其能量小于非晶硅材料带隙(1.7eV)，不能被吸收，经由上转换器后，两个 1.1eV 的光子会合成一个能量为 2.2eV 的光子，则可以被非晶硅材料吸收而产生电子-空穴对。

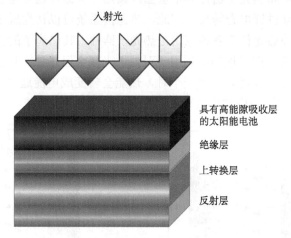

图 5-10　频谱上转换型太阳能电池的结构图

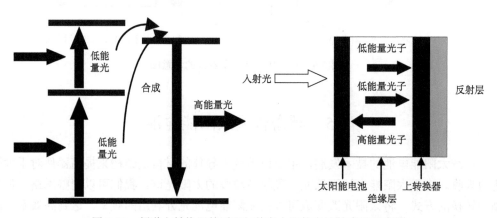

图 5-11　频谱上转换器的原理与其在太阳能电池的应用示意图

2. 频谱下转换

频谱下转换(spectral down-conversion)太阳能电池的主要架构是将具有较高能量的

光子转换成多个较低能量的光子从而让光吸收材料充分吸收。

图 5-12 所示为频谱下转换型太阳能电池的结构图,频谱下转换器放置在太阳能电池之前,中间放置绝缘物质,底层放置一个反射层。图 5-13 所示为频谱下转换器的工作原理与其在太阳能电池的应用示意图,将光子能量大于太阳能电池光吸收材料的带隙二倍以上的入射光子转变成能量大于带隙的两个光子,然后再让太阳能电池吸收,这样就能同时产生两个电子-空穴对,提高原有的转换效率。例如,一个具有 3.1eV 的蓝光光子只能让多晶硅材料产生一个电子-空穴对,但该蓝光光子经由下转换器分解成两个 1.55eV 的光子则可以让多晶硅材料产生两个电子-空穴对,从而使光电流增大,提高转换效率。

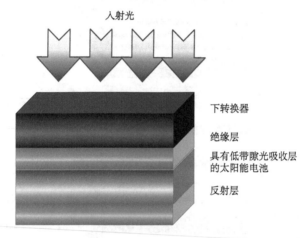

图 5-12　频谱下转换型太阳能电池的结构图

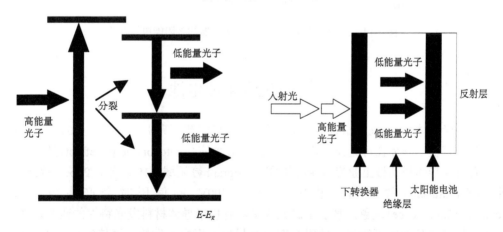

图 5-13　频谱下转换器的原理与其在太阳能电池的应用示意图

3. 频谱转换集中

频谱转换集中型(spectral concentration)太阳能电池则是结合上转换与下转换两者的优点,将入射光子的频谱转换集中于稍大于太阳能电池材料带隙的附近。换句话说,就是能量小于光吸收层带隙的入射光子被上转换,同时能量大于光吸收层带隙两倍以上的入射光子则被下转换。而针对转换效率而言，频谱转换太阳能电池具有达到太阳能电池高转换效率的可能，不过实现技术及材料选用上还需进行深入研究。图 5-14 所示为一种可以作为频谱转换集中型多阶层太阳能电池的结构。通过在中间层引入非线性光学材料或荧光粉材料可以达到频谱集中的效果。

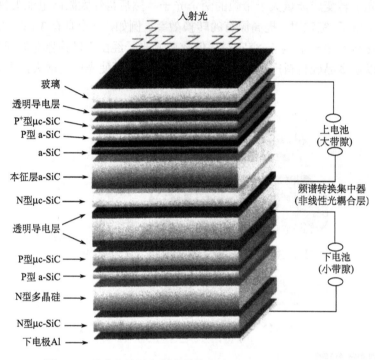

图 5-14　结合多阶层与频谱转换集中器的太阳能电池结构

5.6　有机太阳能电池

有机半导体(organic semiconductors)早在 20 世纪初便吸引了研究人员的注意，由于大部分的有机半导体在可见光下均展现了光电导效应(photoconductive effect)的特性，因此，有机半导体最初被工业界应用在影印(xerography)领域。1963 年，Pope 等发现在绿油脑(anthracene)的单晶结构上加上约 400V 的偏压时会产生电致发光(electroluminescence)现象，吸引了研究人员对有机半导体材料发光特性的研究。然而，由于有机半导体通常不稳定，使得在有机半导体上形成可靠的金属接触(metal contact)非常困难。同时，有机半导体对水汽、氧及紫外线非常敏感，尤其是当电流通过有机半导体材料时，其电气特性会迅速衰退。再者，有机半导体的低载流子迁移率使其无法在高频率(>10MHz)的场合使用。

上述特性使得有机半导体的主动电子器件(包含有机发光二极管、有机太阳能电池及有机薄膜晶体管)一直无法顺利发展。直到 1987 年美国柯达公司的科学家成功制作出第一个高效率有机发光二极管，有机半导体的低光电转换缺点才得以弥补。在所有有机电子器件中，发光二极管发展最为快速，从早期的单彩被动矩阵式显示面板到高分子全彩主动式显示面板都已顺利开发，有机发光二极管的发展已日臻成熟。在太阳能电池应用方面，有机半导体材料较无机半导体材料具有以下优势：①有机化合物可设计性强；②制作成本低；③易于大面积制作；④材质轻等。虽然近年来已经有大量学者投入研究，但有机半导体材料仍然存在一些问题：①转换效率较低；②载流子迁移率低；③结构无序排列；④电阻高；⑤耐久性、耐热性差等。因此有机太阳能电池进入实用阶段还有很大的进步空间。实验结果表明：有机太阳能电池的效率可达到 6%，但大部分的有机太阳能电池效率只有 1.8%～2%。有机太阳能电池依据其使用材料的不同，可分为单层结构、双层异质结结构、混合层异质结结构及多层薄膜型结构。

1. 有机太阳能电池的发展历史

有机太阳能电池发展过程中的重要里程碑事件如下：

(1) 1839 年，A.E.Becquerel 发现了光电化学效应。

(2) 1906 年，A.Pochettino 发现有机化合物 anthracene 具有光电导性(photo conductivity)。

(3) 1958 年，Kearns 和 Calvin 使用 Magnesium Phthalocyanines(MgPc)制作出第一个光伏器件，光电压为 200mV。

(4) 1964 年，Delacote 发现将 Copper Phthalocyanines(CuPc)夹在两个金属电极中间，将产生整流效应(rectifying effect)。

(5) 1986 年，Tang 发表第一个具有异质结的有机太阳能电池。

(6) 1991 年，Hiramoto 使用共升华方式，制作出第一个用染料/染料块材式异质结的有机太阳能电池。

(7) 1993 年，Sariciftci 制作出第一个 Polymer/C_{60} 异质结有机太阳能电池。

(8) 1994 年，Yu 制作出第一个块材式 Polymer/C_{60} 异质结有机太阳能电池。

(9) 1995 年，Yu 及 Hall 制作出第一个 Polymer/polymer 异质结有机太阳能电池。

(10) 2000 年，Peters 及 vanHal 使用 oligomer- C_{60} dyads/triads 作为有机太阳能电池的主动层材料。

(11) 2001 年，Schmidt-Mende 使用六苯并蒄(hexabenzocoronene，HBC)和 Perylene 制作出自组装的液晶太阳能电池。

(12) 2001 年，Ramos 使用 Double-cable Polymers 制作出有机太阳能电池。

(13) 2007 年，美国 Plextronics 团队使用 Plexcore OS 2000 材料制作出效率达 5.94% 的有机太阳能电池。

近年来，有机太阳能电池的结构或材料已有突破性的进展，后续的研究者也研发出令人惊叹的有机太阳能电池效能，表 5-1 所示为有机太阳能电池相关器件结构，及其相应的性能参数。

表 5-1 有机太阳能电池相关器件结构

器件结构	短路电流密度 / (mA/cm²)	开路电压/V	填充因子	转换效率/%
Ag/merocyanine/Al	0.18	1.2	0.25	0.62
ITO/CuPc/PTCBI/Ag	2.6	0.45	0.65	0.95
ITO/CuPc/PTCDA/In	2.0	0.55	0.35	1.8
ITOlDM-PTCDI / H₂Pc/Au	2.6	0.55	0.30	0.77
ITO/PTCBI/H₂Pc/Au	0.18	0.37	0.32	0.20
ITO/PTCBI / DM₂PTCDI/H₂Pc / Au	0.5	0.37	0.27	0.08
ITO/DM-PTCDI / CuPc / Au	1.9	0.42	0.41	0.33
ITO/CuPc/PTCBI/BCP/Ag	4.2	0.48	0.55	1.1
ITO/PEDOT:PSS/CuPc/C₆₀/BCP/Al	18.8	0.58	0.52	3.6
ITO/CuPc/ C₆₀/BCP/Ag	—	—	0.6	4.2
Pc/CuPc: C₆₀ / C₆₀/PTCBI/Ag/m-MTDATA/CuPc/CuPc: C₆₀ / C₆₀/BCP/Ag	9.7	1.03	0.59	5.7

2. 有机太阳能电池的基本原理

有机太阳能电池也同样具有类似 PN 结的结构，存在施主层和受主层。与一般半导体不同的是，在有机半导体中，光子的吸收并非产生可自由移动的载流子，而是产生束缚的电子-空穴对(也称作激子)。这些激子带有能量但净电荷为零，当它们扩散到分解区(dissociation site)时，束缚的电子-空穴对会发生分离，分离后的空穴向器件的阳极移动，电子则往阴极移动，形成外部电路所需的电流，将光能转换成热能。

一般而言，有机太阳能电池中所造成的激子分解效率(dissociation eefficiency，DE)很低($\eta_D < 10\%$)。一旦激子被分离成自由的电子和空穴，其在相对电极被收集的效率η_{CC}则非常高，约为100%。因此，提高材料的分解效率是有机太阳能电池效率提升的关键因素。

3. 单层结构

单层结构仅由单一层有机半导体材料所构成，为简单的肖特基二极管结构，此结构的电池激子仅能在半导体材料与电极间所产生的肖特基势垒中被分离，如图 5-15 所示，而电子与空穴在同一材料中传递极易产生再结合现象，严重限制了器件光电转换效率的提升。因此，此类结构通常只用于初步评估材料是否适合的场合。

1959 年，Kallmann 及 Pope 发现了晶体 Anthracene 照光后能产生电压的特性，这引发了学者对有机导电分子的光伏特性的研究热情。1978 年，Feng 等提出以光敏性染料——部花青(merocyanine)制作出单层小分子有机太阳能电池，器件结构如图 5-16 所示，阴、阳两极皆使用金属材料，但因单一种类的小分子所能吸收的光波波长范围有限，且金属电极的穿透度不佳，器件在 80mW/cm² 光源照射下，光电转换效率只有 0.62%。

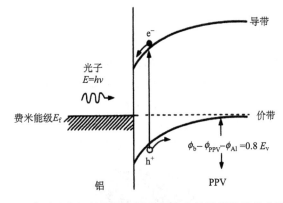

图 5-15　激子于有机材料与金属电极接合处被肖特基势垒所分离

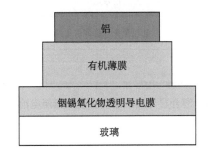

图 5-16　单层结构有机太阳能电池的结构图

4. 双层异质结结构

双层异质结结构有机太阳能电池感光层由互相接触的施主(donor)材料与受主(acceptor)材料构成，如图 5-17 所示。此结构可为施主/受主(D/A)界面提供高效率的电荷分离，且电子与空穴传导各自独立，可以防止电子与空穴再结合，同时增加了器件吸收太阳光谱的带宽。缺点是唯有在施主/受主界面附近生成的激子，才有机会产生分离的电子与空穴。

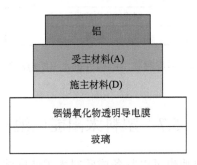

图 5-17　双层异质结结构有机太阳能电池的结构图

5. 混合层异质结结构

混合层异质结结构有机太阳能电池的结构图如图 5-18 所示,由于在该结构中,电子施主与电子受主材料互相掺混形成单一作用层,因此具有非常大的施主/受主界面,可以显著增加激子被分离的界面面积。缺点是该结构中传输路径较不连续,且施主/受主界面交错方式会影响载流子传输路径的连贯性。因此,如何控制这种形式的结构,使增大分离界面与提高载流子传输路径的连续性之间达成良好的平衡,是一个重要的课题。

图 5-18　混合层异质结结构有机太阳能电池的结构图

6. 多层薄膜型结构

多层薄膜型结构有机太阳能电池结合了双层异质结结构和混合层异质结结构有机太阳能电池的优点,电荷分离发生在中间的混合层,分离的电荷透过电子施主有机半导体层和电子受主有机半导体层,传送到相应的电极,图 5-19 所示为该类型电池的结构图。

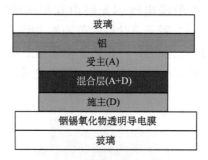

图 5-19　多层薄膜型结构有机太阳能电池的结构图

5.7　塑料太阳能电池

由于染料敏化太阳能电池也可以制备成塑料太阳能电池,该部分内容将在第 7 章中详细介绍。因此,本节以介绍导电聚合物的塑料太阳能电池为主。

1. 塑料太阳能电池的材料特性及种类

目前用于塑料太阳能电池中的材料，大多为高分子共轭聚合物(conjugated polymer)，常见的有聚乙烯咔唑(polyethylcarbazole，PVK)、聚对苯乙烯(polyp-phenylenevinylene，PPV)、聚苯胺(polyaniline，PANI)、聚吡咯(polypyrrole，PPy)、聚乙炔(polyacetylene，PA)及聚噻吩(Polythiophene，PTh)等。

一般而言，具有半导体性质的有机共轭高分子材料是指构成高分子主链的碳，碳原子间以单键、双键交错形成共轭重复单元结构，单键由 d 轨道组成，双键由 σ 轨道及 π 轨道组成，其中 σ 键为局域化的电子，π 键上的电子为非局域化电子，非局域化的电子可以在整个共轭分子链上自由移动形成导电机制。能够形成导电性高分子聚合物的大分子主要包括下列三类。

(1)共轭型聚合物，其分子链上的电子可离化产生载流子。

(2)非共轭型聚合物，其分子间电子轨道互相重叠。

(3)可形成电子施主及电子受主体系的聚合物。被填满电子的键合轨道中具有最高能量的称为最高被占据分子轨道(highest occupied molecular orbital，HOMO)，未被填满电子的非键合轨道中具有最低能量的称为最低未被占据分子轨道(lowest unoccupied mo-lecular orbital，LUMO)，HOMO-LUMO 相当于无机半导体的价带及导带，两者间的能量差称为带隙，通常有机半导体材料的带隙介于 1～4eV，因此其吸收光谱可涵盖可见光的所有波段。

共轭导电聚合物材料由于具有可加工性、柔软性及无机半导体特性，因此，此类材料制作的太阳能电池相较硅太阳能电池，有下列优点。

(1)原料来源广，可以进行分子结构改进。

(2)可通过不同方式来提高材料的吸光特性或提高载流子迁移率。

(3)可利用旋涂法或浸润法进行大面积成膜。

(4)可通过掺杂、辐射处理等进行改性，以提高载流子传输能力。

(5)电池制作具有多样性。

(6)原料价格便宜，合成方法简单。

电极材料选用原则上，功函数是主要的依据标准，根据有机材料的 LOMO/HOMO 与金属的费米能级可形成欧姆接触或是肖特基接触。阳极与阴极的功函数差值越大，器件的开路电压值越大。

在阳极部分，一般使用功函数较高且透明的导电性材料或金属，如铟锡氧化物、透明导电聚合物或金(Au)。其中以铟锡氧化物最为常用，铟锡氧化物的带隙值约为 3.7eV，使可见光区的透过率可达 80%以上。

阴极部分可使用功函数较低的金属，主要分为：

(1)单层金属阴极，如银(Ag)、镁(Mg)、铝(Al)及锂(Li)。

(2)合金阴极，将功函数较低的金属与功函数较高的金属一起蒸发形成合金阴极，以避免低功函数金属的氧化。

(3)层状阴极，由薄的绝缘材料与厚的铝金属形成双层电极，可达到较高的电子传输性。

(4)掺杂复合型阴极,在阴极及聚合物光敏化层中间再引入一种低功函数且有掺杂的金属,以改善器件性能。

2. 共轭聚合物/C_{60}复合有机太阳能电池

在共轭聚合物与 C_{60} 的复合体系中,由于共轭聚合物和 C_{60} 之间的光诱导电子转移速率比激发态的辐射及非辐射跃迁速率快 100 倍以上,可以有效达成电荷分离,且电荷分离态稳定、寿命长、电子与空穴的复合率低,因而可提高有机太阳能电池的效率。

1993 年,日本学者 Yamashita 以四硫富瓦烯(Tetrathiafulvalene,TTF)为电子施主,并以 C_{60} 为受主,制备双层结构的太阳能电池器件,其结构如图 5-20 所示,可在光照条件下表现出较大的光电流。共轭聚合物与 C_{60} 掺杂的塑料太阳能电池中存在共轭聚合物和 C_{60} 两者的兼容性问题,包含相分离及 C_{60} 的团簇现象。该现象减少了有效的施主/受主间接触面积,影响电荷的传输,降低了光电转换效率。因此,合成单个内部含有电子施主单元和电子受主单元的化合物,称为两极聚合物(double cable polymer),兼具电子和空穴传输,可减少相互分离。两极聚合物的设计必须满足以下几点要求。

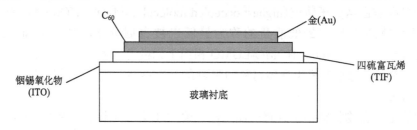

图 5-20　C_{60} 为受主,TIF 为施主的双层结构器件示意图

(1)施主聚合物骨架与受主 C_{60} 须保持原来各自的基本电子传输性质。

(2)从施主骨架转移到受主的光诱导电子必须处于长寿命的亚稳态(met-astable state),以保证自由载流子的生成。

(3)聚合物要有一定的溶解度。

Ramos 等合成了一类含有 C_{60} 的对苯乙烯聚合物(poly phenylene vinylene,PPV),如图 5-21 所示,运用了直接聚合含有 C_{60} 的单体和能改善单体溶解性的方法,并首次将该化合物运用到有机太阳能电池器件中。

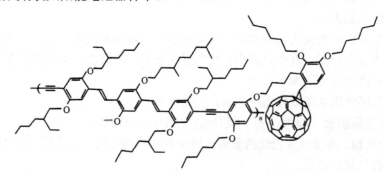

图 5-21　含有 C_{60} 的 PPV 聚合物

C_{60} 衍生物的制造可以利用亲核加成反应以及环加成反应实现。其中,亲核加成反应产率较高,代表反应为 Bingel 反应,如图 5-22 所示。

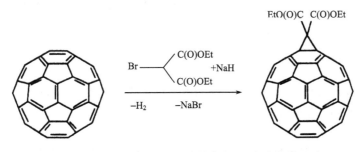

图 5-22　Bingel 反应:一种简单生成 C_{60} 衍生物的方法

5.8　纳米结构太阳能电池

一般而言,纳米结构指固体的三维空间中至少有一个维度上处于纳米尺度,在 1～100nm。在此结构中,物质的比表面积大量增加,将使物质呈现出不同于原有的物理、化学和生物性质,经典理论已不适用。目前,常见的纳米结构有以下三类。

(1)零维纳米结构:三维空间的三维皆处于纳米尺度,如纳米团簇或纳米晶粒子等。

(2)一维纳米结构:三维空间中有二维处于纳米尺度,如纳米管(nano rod)或纳米线(nano wire)。

(3)二维纳米结构:指三维空间中有一维处于纳米尺度,如超微薄膜或界面等。

目前,常见的纳米结构有纳米柱以及纳米晶粒子等。以石墨为例,当其缩小尺寸至纳米结构时,由碳元素构成的纳米碳管强度将远高于不锈钢,且具有良好的弹性。此外,量子效应(quantum effect)在纳米结构中成为不可忽视的因素。一维纳米材料具有极高的深宽比的结构特性,当其大量应用于太阳能电池表面或光电转换层时,除了可用于增加器件表面的抗反射率,更可借此提升光电流的产生量。纳米结构太阳能电池属于第三代太阳能电池,主要的优点如下。

(1)一维的纳米结构不需散色层即能增加光线的收集效率。

(2)电子与空穴在纳米结构内分流再结合概率低。

(3)纳米结构具有可挠曲特性,未来可搭配高分子导电软板做成柔性太阳能电池。

(4)纳米结构的光吸收具有可调性,可用以增加光电转换效率。

常见的应用于太阳能电池的纳米结构有纳米晶粒子以及纳米柱或纳米管。

1. 纳米晶粒子

目前常见的纳米晶粒子以硅为主,在纳米晶硅粒子中掺入氢化非晶硅的薄膜(a-Si:H)太阳能电池,已被广泛地研究并用以改善太阳能电池的光电特性。此外,虽然纳米晶硅粒子与微晶硅粒子的差别仅在于尺度上的差异,然而,由于纳米晶硅粒子的尺寸到达纳米等级,具有量子局限效应,其带隙可从原本的间接带隙结构转变为直接带隙结构。因此，转换为直接带隙的纳米晶硅粒子也具有发光能力。此外，纳米二氧化钛（TiO_2）、纳米二氧化锡（SnO_2）、纳米氧化锌（ZnO）粒子皆可用于染料敏化太阳能电池的电极。而纳米硫化镉（CdS）、纳米硒化镉（CdSe）或 C_{60} 等皆可应用于有机太阳能电池中形成有机/无机复合材料太阳能电池。

2. 纳米柱或纳米管

可用于太阳能电池的一维纳米柱或纳米管包括碳纳米管（carbon nanotube）、氧化锌（ZnO）纳米柱以及硅纳米柱。

1）碳纳米管

碳纳米管又称巴基管（Bucky tube），属富勒烯系，其应用于太阳能电池的研究处于起步阶段。图 5-23 所示为光线入射到纳米碳管的示意图。在吸收等量的光子下，纳米碳管可有效地增加光线的收集效率，进而增加光电流的产生。康奈尔大学已成功地研发出碳纳米管太阳能电池，主要由长 3～4μm 以及管径 1.5～3.6nm 的碳管制成。在低于 90K 的温度下，若施加与电流反向的偏压，可观察到多重载流子的产生，这表明利用单壁式纳米碳管所制成的太阳能电池，可在吸收一个光子的情况下，产生多组电子–空穴对。

纳米碳管常见的制备方法主要包括电弧放电法、激光气化法和化学气相沉积法。

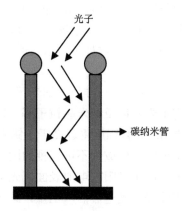

图 5-23　光线入射到纳米碳管的示意图

（1）电弧放电法（arc-discharge）：在阳极碳棒中心添加金属催化剂（如铁、钴、镍），当两极间产生高温（约 4000K）电弧时，可同时将阳极的碳与催化金属进行高温气化并沉积在阴极石墨棒表面，进而形成碳纳米管。

（2）激光气化法（laser ablation method）：将高能激光聚焦在石墨靶材上，将石墨靶材表面的碳气化形成碳纳米管，再由流动的惰性气体将碳纳米管带到高温炉外的水冷铜收集器上。

（3）化学气相沉积法：将碳氢化合物的气体通入高温的石英管炉中反应（1000～1200℃），碳氢化合物的气体即可催化分解成碳，进而吸附在催化剂的表面，由此沉积成碳纳米管。

2) 纳米柱

氧化锌纳米柱是一种宽带隙半导体材料(带隙为 3.4eV)，由于它具有非常高的激子束缚能(0.06eV)，当纳米氧化锌的晶体粒子变小，表面电子结构及晶体结构会发生变化，在水和空气中，纳米氧化锌会分解出可自由移动的电子，同时留下带正电荷的空穴，也可与多种有机物发生氧化反应。此外，纳米氧化锌可吸收接近超紫外线光谱的光线。因而具有扩展吸收光谱的能力，可以提高太阳能电池的效率。

近年来提出的氧化锌纳米柱结合硅衬底太阳能电池，除了可吸收较长的超紫外线波长外，也能吸收较短的红外线波长，达到了大范围光谱吸收的目的。此外，为了使硅衬底与衬底上的氧化锌纳米柱达到晶格匹配的效果，可以让氧化锌纳米柱以一个特殊角度长在硅衬底上。微观结构像钉在硅晶表面的矛，因而又被称为氧化锌纳米矛(nanospears)。

硅纳米柱也可以用于纳米结构太阳能电池，主要是在 P 型衬底上，制作出 N 型的硅纳米柱，如图 5-24 所示。由于纳米结构的量子效应，会发生由一个光子产生多组电子-空穴对的现象，从而提高太阳能电池的光电转换效率。

图 5-24　纳米柱太阳能电池示意图

纳米柱结构的常见制备方法如下。

(1)化学气相沉积法：经由催化分解的过程，进而吸附在催化剂的表面，由此沉积长成氧化锌纳米柱或硅纳米柱结构。

(2)气相传输法(vapor phase transport)：将氧化锌或硅粉末置于高温炉，通过对温度、加热时间以及气体流量的控制，形成纳米氧化锌或硅纳米柱结构。

(3)离子束技术结合离子布值法：主要利用离子束蚀刻法并搭配上蚀刻终止层的方式，进行表面纳米阵列的制备。

第6章 基于新型微纳减反结构的硅基太阳能电池

6.1 微纳减反结构设计的理论依据

太阳能电池转化效率的高低与透射到电池本体内部的光子数量密切相关，如何减少电池表面的反射率，增加透射率一直是光伏电池制造行业的研究热点。太阳光具有波粒二象性，光子既具有粒子的性质又具有波的特性，同时，太阳光需要处在光伏电池光谱有效范围内才能被吸收，因此在研究太阳能电池表面减反层时要充分考虑各方面因素的影响，设计最佳减反结构和参数。本章从光的传播理论入手，探讨硅基光伏电池微纳减反结构设计的理论依据。

1. 太阳光的反射与折射

当一束单色光照射到半导体表面后，其中的一部分光被反射，其余部分透射到半导体内部。反射光与入射光强度之比定义为反射系数 R，则透射系数为 $T = 1 - R$。

相对于半导体这类光吸收材料，折射率 n_c 可以写为 $n_c = n - ik$，其中，n 为普通折射系数，k 为消光系数，n_c、n、k 都是入射光波长 λ 的函数。

当光线垂直照射到介质表面时，介质的折射率和消光系数分别为 n、k，则反射系数与 n、k 的关系为

$$R = \frac{(n-1)^2 + k^2}{(n+1)^2 + k^2} \tag{6-1}$$

在硅太阳能电池全光谱感应范围内（$300 \sim 1200\text{nm}$），$n > 3.5$，相当于 $R > 30\%$。这对于非垂直情况也适用。

2. 太阳光在半导体中的吸收

半导体受到光照射时，价带中的电子受光子激发而跃迁到导带，同时在价带中留下空穴。半导体中也存在其他形式的光吸收过程，如杂质吸收、激子吸收、自由载流子吸收等。但对光伏电池来说，最主要的还是本征吸收。相对于硅材料而言，在所有的光吸收过程中，本征吸收的系数是其他光吸收系数的几十倍到上万倍。所以，在通常的照明条件下，只考虑本征吸收。当太阳光光子照射到半导体表面时，由于光吸收的作用，入射到半导体内的光强度随入射深度的增加而衰减。在 dx 距离内被吸收的光强为 $\alpha(\lambda)\theta(x)dx$，其中 α 为吸收系数。则到达半导体内部深度 x 处的光强 $\theta(x)$ 与表面处光强 θ_0 的关系为 $\theta(x) = \theta_0 e^{-\alpha x}$，其中，吸收系数 α 与消光系数 k 符合 $\alpha = 4\pi k / \lambda$ 的关系，与式(6-1)联系不难发现，吸收系数大时半导体对该波长的反射也多。

3. 光在半导体中的光学性能表征

根据光子波粒二象性的相关理论，采用电磁波理论研究光在半导体中的光学性能表征。假设电磁波在磁导率为 μ，介电函数为 E 以及电导率为 s 的各向同性均匀介质中传播时，满足 Maxwell 方程：

$$\nabla \times E = -\frac{\partial H}{\partial t}, \quad \nabla \cdot E = 0 \tag{6-2}$$

$$\nabla \times H = -\frac{\partial E}{\partial t} + \Delta e, \quad \nabla \cdot H = 0 \tag{6-3}$$

在可见光范围内，对于大多数固体材料，$\mu = 1$，从上述方程组中消去 H，可以得到满足电磁场矢量的方程为

$$\nabla^2 E = -\mu\varepsilon \frac{\partial^2 e}{\partial t^2} - \delta\mu \frac{\partial E}{\partial t} = 0$$

相对于频率为 ω 的一束平面电磁波：

$$E(x,t) = E_0 \mathrm{e}^{-\mathrm{i}\omega\left(t - \frac{x}{v}\right)} \tag{6-4}$$

$$H(x,t) = H_0 \mathrm{e}^{-\mathrm{i}\omega\left(t - \frac{x}{v}\right)} \tag{6-5}$$

式中，x 为位移；t 为时间。

可以求得其传播速度为

$$v = \frac{c}{n} \tag{6-6}$$

式中，c 为真空中光（电磁波）的传播速度；$\bar{n} = n + \mathrm{i}k$ 为复折射率，其中包括实部 n 和虚部 k。固体所表现出的宏观光谱特性可以用复折射率来表示。

将 $\bar{n} = n + \mathrm{i}k$ 和 $v = \dfrac{c}{n}$ 代入式(6-4)中，则得到

$$H(x,t) = E_0 \mathrm{e}^{-\mathrm{i}\omega\left(t - \frac{x}{c/n}\right)} \mathrm{e}^{-\frac{\omega k}{\mathrm{e}^x}}$$

其中，$\dfrac{c}{n}$ 表示相速度，是具有指数衰减的波。考虑到光的强度 $I(x,t)$ 正比于电场分量的平方 $|E(x,t)|^2$，可以得到下面的形式：

$$I(x,t) = I_0 \mathrm{e}^{-\frac{2\omega k}{\mathrm{e}^x}} = I_0 \mathrm{e}^{-\partial x} \tag{6-7}$$

式中，$\partial = \dfrac{4\pi k}{\lambda}$，$\lambda$ 为真空中电磁波波长，I_0 为初始强度。由式(6-7)中得到

$$-\alpha I = \frac{\mathrm{d}I}{\mathrm{d}x} \tag{6-8}$$

式(6-8)表示的是 α 为单位光强（光流密度）时，单位体积和单位时间内固体（半导体）所吸收的光能量。

6.2　硅纳米线微纳减反结构太阳能电池

1. 结构设计

硅纳米线太阳能电池采用如图 6-1 所示的结构设计(仅为结构示意图,纳米线部分比例放大)。在 N 型硅片衬底上采用化学刻蚀法制备硅纳米线,然后采用 PECVD 法在硅纳米线上沉积纳米本征硅层作为 I 层,接着在上面通过掺杂硼烷继续沉积形成 P 型层,这样就形成了径向硅纳米线电池,最后在表面溅射制备铝电极。纳米线作为微纳减反射结构,起到减反射作用。

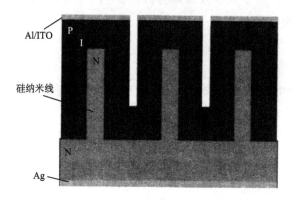

图 6-1　硅纳米线电池结构示意图

2. 硅纳米线微纳减反结构电池的制备

先将 N 型硅片(厚 180μm,电阻为 1～1.5Ω/cm)清洗干净(RCA 清洗工艺),反面均匀涂上一层薄银浆,然后在 920℃下烧结形成背场。采用化学刻蚀法制备硅纳米线阵列,将制备好的样品放入 PECVD 系统中,对硅纳米线表面进行 HF 钝化,并沉积本征纳米硅 I 层,厚度在 10 nm 左右;接着继续沉积并掺硼形成 P 型层,厚度为 20～25 nm,之后利用溅射工艺制备约 70nm 的氧化铟锡 ITO;最后利用光栅掩膜版溅射制备铝电极。样品如图 6-2 所示。

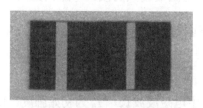

图 6-2　硅纳米线电池样品

3. 性能仿真测试

通过调整实验参数制得不同工艺条件下硅纳米线太阳能电池,其制备条件与性能参数如表 6-1 所示，相应硅纳米线电池性能测试结果如图 6-3～图 6-6 所示。

表 6-1　不同硅纳米线太阳能电池的制备条件及性能

编号	硅纳米线	HF 酸处理	KOH 处理	钝化	栅形电极	短路电流/μA	开路电压/mV
A-1	无	无	无	有	无	0.017	120
A-2	有	无	无	有	无	1.5	190
A-3	有	无	2M(45s)	有	无	350	220
A-4	有	有	2M(45s)	有	无	450	320
A-5	有	有	1M(30s)	有	无	440	330
A-6	有	有	1M(30s)	有	无	520	320
A-7	有	有	1M(30s)	有	有	4300	300
A-8	有	有	1M(45s)	有	有	5000	310
A-9	有	有	2M(45s)	有	有	4700	270

表 6-1 中，A-1、A-2 工艺条件下，制备的电池性能参数如图 6-3 和图 6-4 所示，样品 A-2 的开路电压比 A-1 要稍高一些，A-1 的短路电流 17nA 则比 A-2 的短路电流 10μA 低将近 3 个数量级，这是因为 A-1 在沉积纳米硅薄膜时，由于纳米线短，表面趋于平整，没有形成足够的纳米线减反结构，减反效果较差。

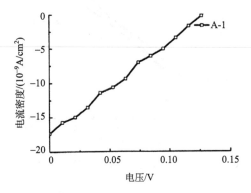

图 6-3　硅纳米线太阳能电池的 *I-V* 曲线（A-1）

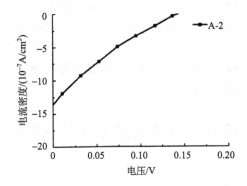

图 6-4　硅纳米线太阳能电池的 *I-V* 曲线（A-2）

表 6-1 中 A-2、A-3 分别代表所制备的经过 KOH 溶液刻蚀处理前后的硅纳米线太阳能电池，它们的 *I-V* 曲线如图 6-4 和图 6-5 所示。硅纳米线太阳能电池 A-3 的性能明显优于 A-2，在开路电压相当的情况下，A-2 的短路电流比 A-3 的短路电流低近 2 个数量级。

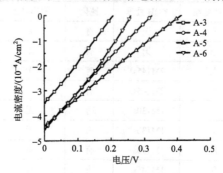

图 6-5　不同硅纳米线太阳电池的 *I-V* 曲线（A-3～A-6）

图 6-6 所表示的性能与图 6-5 一样，这是因为 A-2 中硅纳米线阵列非常密集，在用 PECVD 沉积本征纳米硅 I 层和 N 层时有可能导致覆盖不完全，从而使得局部不能形成完整的结构，这些缺陷会导致硅纳米线电池的漏电缺陷大幅增加，最终导致硅纳米线太阳能电池性能大幅下降。

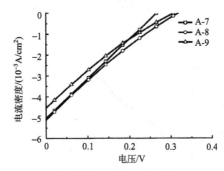

图 6-6　不同硅纳米线太阳电池的 *I-V* 曲线（A-7～A-9）

通过对图 6-2 所示的硅纳米线电池样品性能进行测试，得到了电池性能较好的样品 A-8（短路电流为 5mA，开路电压为 310mV），但其填充因子仅为 0.241，这也导致了 A-8 仅有 0.374% 的转换效率。可能的原因是钝化和上下电极接触不好导致电池的串联电阻太大，使得短路电流较小；以及较密集的硅纳米线导致了电池的本征层和 N 层沉积不完整，存在少量的局部漏电，导致并联电阻较低，从而使开路电压下降；另外，硅纳米线较粗糙的表面也会导致表面载流子复合率升高。

6.3　基于石墨烯复合薄膜的纳米硅基渐变带隙太阳能电池

1. 结构设计

基于石墨烯复合薄膜的纳米硅基渐变带隙太阳能电池结构设计的理论依据是：利用

石墨烯复合薄膜的减反射结构减少入射光线的反射，增加光线的入射通量；该复合薄膜不但可以作为电池的减反层，也可以作为电极；采用渐变带隙结构，可以充分拓展太阳光谱的有效利用区间，扩大入射光线有效频谱，提高电池效率。在实验室研究条件允许的情况下，通过沉积 3 层不同带隙的纳米硅薄膜，作为产生电子-空穴对的本征 I 层，每一层对应不同的入射光子能量的光学带隙，这样可以高效利用入射光通量产生的光子能量。不同层对应不同带隙的薄膜沉积工艺，在前述的纳米硅薄膜制备中已有论述。根据石墨烯复合薄膜的两种类型，可设计两种类型的电池，分别是以石墨烯/氧化钛(TiO_2)复合薄膜为减反层的电池（其简化结构如图 6-7(a) 所示）与以石墨烯和纳米银颗粒（AgNPs/RGO）为减反层的电池（其简化结构如图 6-7(b) 所示）。两种电池的"基体"相同，皆为衬底上沉积的纳米薄膜硅层，不同的是两者表面的微纳结构减反层不同。在研究和制备这两种电池时，其"基体"电池的工艺相同，故不分开讨论"基体"的制备。

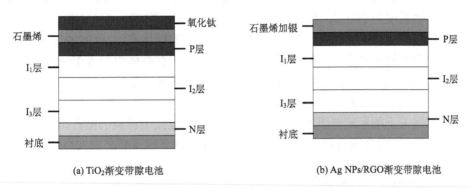

(a) TiO_2渐变带隙电池　　　　(b) Ag NPs/RGO渐变带隙电池

图 6-7　两类渐变带隙太阳能电池结构示意图

2. 石墨烯复合薄膜的纳米硅基渐变带隙电池的制备

1）电池"基体"的设计和制备

(1)渐变带隙的设计。

太阳辐射到地球表面的能量，波长主要集中在 300～1050nm，该区域的太阳辐射能量占总辐射能量的 95%左右。根据光伏理论只有光子能量 hv 大于硅薄膜光能带隙 E_g 的光子才能被吸收，即 $hv \geq E_g = hv_0$ 时才发生本征吸收，从而产生电子-空穴对。实验证明，硅纳米薄膜由于具有量子效应，其带隙大于单晶硅的 1.1eV。通过调节纳米薄膜中硅晶粒的大小 δd 或晶态比 X_c，纳米薄膜能得到和单晶硅差不多的光能带隙。

研究表明，硅纳米薄膜光能带隙 E_g 的调节范围可达 1.15～2.0eV。应根据太阳光波长和频率的关系，同时参照太阳辐射光谱图，根据实验室具体可控沉积层数条件和每层沉积膜的禁带宽度所对应的光谱波长沉积薄膜。根据前述电池本征层渐变带隙变化对电池性能影响的仿真结果，可以将吸收光谱图分为三段，分别为 300～650nm、651～780nm 和 781～1050 nm，这样就形成了 3 个吸收不同禁带宽度的薄膜层，构成渐变带隙薄膜电池。在设置薄膜本征吸收波长阈值时，选用 650nm、780nm 和 1050nm 三个阈值，得到薄膜层对应的光能带隙 E_g。

根据 $h\nu \geqslant h\nu_0 = E_g$ 及 $\nu = c/\lambda$，其中，h 为普朗克常量，$h = 6.626 \times \dfrac{10^{-34}\,\text{J}}{\text{s}}$；$1\text{eV} = 1.602 \times 10^{-19}\,\text{J}$。计算得到 $\lambda_1 = 650\text{nm}$，$E_{g1} = 1.9\text{eV}$；$\lambda_2 = 780\text{nm}$，$E_{g2} = 1.59\text{eV}$；$\lambda_3 = 1050\text{nm}$，$E_{g3} = 1.2\text{eV}$。硅纳米薄膜层依次为 I_1、I_2 和 I_3，对应光能带隙分别为 $E_{g1} = 1.9\text{eV}$，$E_{g2} = 1.59\text{eV}$，$E_{g3} = 1.2\text{eV}$，只要入射光子能量超过这三层最低能带就能激发出电子-空穴对。

(2) 背电极的制备。

采用不锈钢(厚度为 100μm)作为衬底材料，首先使用无钠清洗剂对不锈钢衬底超声清洗 30min，然后使用去离子水继续清洗 30 min，最后在其表面溅射 100 nm 的银作为背电极。

(3) n 型纳米硅薄膜的制备。

将不锈钢衬底放入电容耦合式 PECVD 系统，在射频频率设置为 13.6MHz 激励条件下，控制衬底温度为 200℃，极板间距为 15mm，腔室真空度达 $1 \times 10^{-4}\text{Pa}$。反应气体原料为高氢稀释硅烷(5%左右的硅烷, 95%左右的氢气)和纯度高达 99.9999%的氢气，按照相关工艺先在不锈钢衬底上沉积纳米本征硅薄膜，然后在腔体中加入 1%磷烷(磷烷与硅烷 PH_3/SiH_4 流量比=1%)进行掺杂，制备 N 型纳米硅薄膜，厚度为 20～25 nm。

(4) 渐变带隙本征纳米薄膜 I 层的制备。

根据前述关于纳米硅薄膜的研究的相关工艺，通过控制薄膜的晶占比和硅晶粒的大小，制备所需的渐变光能带隙的硅薄膜作为 I 层。I 层纳米硅薄膜晶粒大小可以通过 TEM 测试得到。

(5) 薄膜电池 P 层的掺杂。

在沉积 I 层基础上，引入 0.5%的乙硼烷(0.5%的乙硼烷(B_2H_6)和 99.9999%的氢气)进行掺杂，掺杂时间约 90s，形成 15～20nm 的 P 层。

2) 制备石墨烯/纳米银颗粒复合薄膜纳米硅基渐变带隙薄膜

在上述工艺流程结束后，电池"基体"已经制备完成。在制备好的电池"基体" P 层上，采用旋涂或溶液提拉的方法形成 Ag NPs/RGO 复合薄膜涂层作为减反层，该层复合薄膜同时也作为电极，这样就完成了石墨烯/纳米银颗粒复合薄膜纳米硅渐变带隙薄膜电池的制备。

3) 制备石墨烯/氧化钛复合薄膜纳米硅基渐变带隙薄膜电池

同样将制备好的电池"基体"，分别放在石墨烯和氧化钛胶体溶液中，通过提拉基体电池在其 P 层表面形成石墨烯/氧化钛复合薄膜，厚度为 50nm 左右。该层薄膜同样具有减反作用和电极作用，这样就完成了石墨烯/氧化钛复合薄膜纳米硅基渐变带隙薄膜电池的制备。

4) 前电极的制备

由于"基体"电池没有采用复合薄膜，故将"基体"电池放入磁控溅射系统中溅射 70 nm 厚的 ITO 层，然后再利用栅形掩膜版覆盖，在常温下热蒸镀银制备栅形银电极作为前电极。具有 TiO_2/石墨烯复合薄膜的电池同样利用栅形掩膜版覆盖，蒸镀银作为电极。石墨烯/纳米银颗粒复合薄膜作为电极时其方块电阻非常小，可以不采用银栅且不影响电流收集。之后在电极周围用激光画线，以确定电池的有效面积。

3. 纳米硅薄膜本征层性能表征以及电池性能测试

1)纳米硅薄膜性能表征

通过控制直流偏压 U_{DC} 可以控制硅纳米薄膜的晶占比 X_c，如图 6-8 所示。同样，控制直流偏压 U_{DC} 也可以控制硅纳米薄膜晶粒的大小。经过对大量样品的正交实验证明，可以在其他沉积参数相同的条件下，调控直流偏压，得到不同的晶占比 X_c，以及与不同的晶占比 X_c 相对应的光能禁带宽度 E_g，如图 6-9 所示。晶粒尺度与禁带宽度的关系曲线如图 6-10 所示。

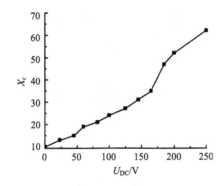

图 6-8　直流偏压 U_{DC} 与 X_c 关系曲线

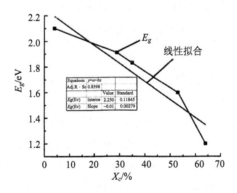

图 6-9　X_c 与禁带宽度 E_g 关系曲线

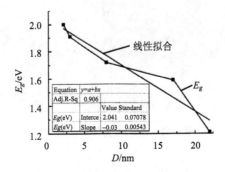

图 6-10　晶粒尺度 D 与禁带宽度的关系曲线

相应样品晶占比可以利用微晶硅薄膜晶化率公式计算：

$$X_c = \frac{\left(I_{510} + I_{520}\right)}{\left(I_{480} + I_{510} + I_{520}\right)} \tag{6-9}$$

使用 X 射线对渐变带隙层薄膜（陪片）扫描测得 XRD 光谱样图，使用 Scherrer 公式计算 I 层纳米硅薄膜晶粒尺度大小，即

$$D = \frac{0.89\lambda}{\beta\cos\theta} \tag{6-10}$$

式中，D、λ、β、θ 分别为晶粒直径、入射 X 射线波长（0.145nm）、衍射峰的半高宽和衍射角。

利用 Shmadzu UV-2450 型光谱仪对不同晶占比样品进行透射谱测试，波长范围为 300～1200nm，步长为 0.5nm。透射系数可表示为

$$T = \left(1-R\right)^2 \mathrm{e}^{-\alpha D} \tag{6-11}$$

不考虑反射能流时，本征氢化纳米硅薄膜透射系数可表示为

$$T = \mathrm{e}^{-\alpha D} \tag{6-12}$$

式中，α 为吸收系数；D 为薄膜厚度。

由此求得本征氢化纳米硅薄膜光吸收系数为

$$\alpha = \ln\left(1/T\right)/D \tag{6-13}$$

根据式（6-13），薄膜光能带隙由近似公式计算得出

$$\left(\alpha h\nu\right)^+ = B\left(h\nu - E_g^{\mathrm{opt}}\right) \tag{6-14}$$

式中，B 为修正系数，是与光子能量无关的常数。

要进一步明确纳米薄膜层晶粒的大小，可以采用陪片的方式测试。图 6-11 为制备电池过程中沉积纳米硅薄膜本征层时的陪片，采用 10%HF 溶液浸泡，使用普通微栅支撑膜在溶液中捞取薄膜，制备纳米硅薄膜的样品，然后做 TEM 测试，看其内部形貌是否具有纳米晶粒。测试结果如图 6-12 所示，在图中可以清楚地看到硅薄膜中含有纳米硅晶颗粒，晶粒尺寸分布如图 6-13 所示，其纳米晶粒尺寸处于 3～11 nm 之间，复合小尺寸纳米晶粒具有量子效应，从而进一步验证了该薄膜具备"多重激发"的基本条件。

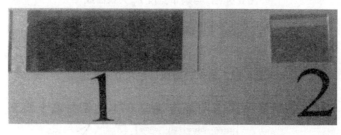

图 6-11　纳米硅薄膜样品（陪片）

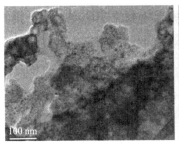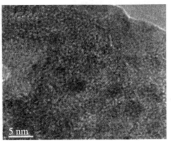

图 6-12　纳米硅薄膜 TEM 图

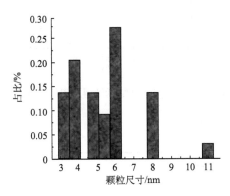

图 6-13　纳米硅薄膜晶粒尺寸分布图

实例中的纳米薄膜太阳能电池是在不锈钢衬底上沉积纳米本征硅薄膜，掺杂磷烷形成 N 型层薄膜，然后采取成熟的控制工艺沉积三层(I_1、I_2、I_3)硅纳米薄膜，每层厚度为250nm 左右，作为电池的 I 层。该层作为光生载流子的产生层。接着掺杂硼烷制备 P 型层纳米硅薄膜，这样就得到了没有减反层的电池"基体"(有 ITO 和银栅)。在"基体"电池上分别采用 TiO_2/RGO 复合薄膜和 Ag NPs/RGO 复合薄膜作为减反层和电极，就形成了 TiO_2/RGO 纳米硅薄膜电池(有银栅)以及 Ag NPs/RGO 纳米硅薄膜电池，各样品如图 6-14 所示。

图 6-14　纳米硅薄膜电池样品

2) 电池性能测试

在实验室中对 TiO_2/RGO 纳米硅薄膜电池样品进行性能测试，其测试结果如图 6-15所示，其中，转换效率 η=4.97%，开路电压 U_{oc}=0.56V，短路电流密度 J_{sc}=13.04mA/cm^2，填充因子 FF=0.68。对该型电池使用 AIPS 软件仿真，其光伏特性如图 6-16 所示，其中，转换效率 η=10.558%，开路电压 U_{oc}=0.57V，短路电流密度 J_{sc}=22.756mA/cm^2，填充因子 FF=0.813。

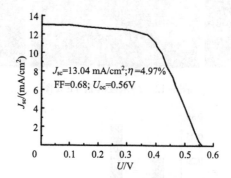

J_{sc}=13.04 mA/cm^2；η=4.97%
FF=0.68；U_{oc}=0.56V

图 6-15　TiO$_2$/RGO 纳米硅薄膜电池性能曲线

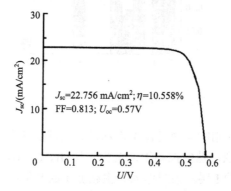

J_{sc}=22.756 mA/cm^2；η=10.558%
FF=0.813；U_{oc}=0.57V

图 6-16　TiO$_2$/RGO 纳米硅薄膜电池性能仿真曲线

对 AgNPs/RGO 样品电池进行实际性能测试，结果如图 6-17 所示，其转换效率 η=4.59%，开路电压 U_{oc}=0.55V，短路电流密度 J_{sc}=12.45mA/cm^2，填充因子 FF=0.67。对 Ag NPs/RGO 电池使用 AMPS 软件仿真，其光伏特性如图 6-18 所示，转换效率 η=9.907%，开路电压 U_{oc}=0.578V，短路电流密度 J_{sc}=20.914mA/cm^2，填充因子 FF=0.819。

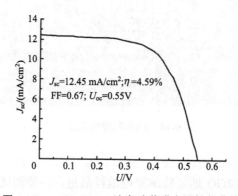

J_{sc}=12.45 mA/cm^2；η=4.59%
FF=0.67；U_{oc}=0.55V

图 6-17　AgNPs/RGO 纳米硅薄膜电池性能曲线

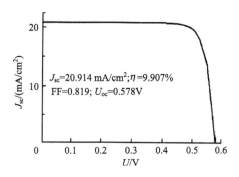

图 6-18　Ag NPs/RGO 纳米硅薄膜电池性能仿真曲线

对"基体"电池性能测试，结果如图 6-19 所示。转换效率 $\eta=2.82\%$，开路电压 $U_{oc}=0.5V$，短路电流密度 $J_{sc}=10.25mA/cm^2$，填充因子 FF=0.55。

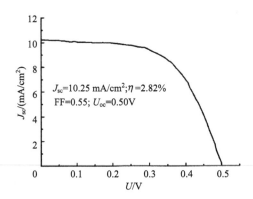

图 6-19　"基体"（无减反层）电池样品性能曲线

从上面的测量数据可以看出，石墨烯复合薄膜具有较为出色的减反效应，对提高电池的性能具有很高的研究价值。

4. 结果分析

从图 6-15 和图 6-16 的对比可以看出，测量值与仿真值之间有一定的偏差，产生偏差的原因主要来自实验室仪器设备。由于 PECVD 设备稳定度不高，薄膜沉积的表面不是很平整，所以在涂石墨烯复合薄膜时，无法做到石墨烯复合薄膜与硅薄膜表面的充分结合，从而影响载流子的收集，降低了短路电流、开路电压以及填充因子，导致电池效率降低。同时，由于设备原因无法严格控制 I 层中各层的精确厚度，从而影响载流子的正常迁移，增加载流子在迁移过程中的复合率。还有一个主要原因是在溶液中提拉电池硅片时，薄膜的厚度无法精准控制，影响了石墨烯复合薄膜厚度的精准性，降低了入射光线的透射率，进而影响有效的光子数量。横向比较两种电池，其电池基体结构一样，因此其效率相差不大，但是电极和不同波长段减反层效果不同，这就导致在电池的效率上产生了一定的差异。进一步研究表明：如果薄膜带隙小，则短路电流大；如果薄膜带隙大，则开路电压大；通常开路电压大，其填充因子也就相应升高，其电池光电转化效率也提高。通过改进薄膜制备装置，精准控制提拉石墨烯复合薄膜的工艺条件，增加电极的效能，纳米硅薄膜电池的效率可以得到有效提高。

对比上面三种电池性能参数，可以看出石墨烯复合薄膜具备较好的减反射作用，有利于提高电池的整体性能。

第7章　太阳能电池应用系统

7.1　独立型太阳能电池系统

太阳能电池系统如图 7-1 所示，按运行方式不同分为独立型、并网型和混合型。按其规模可以分为大、中、小三类，其中，大型是指独立光伏电站；中型是指应用系统；小型是指比用户系统规模还要小的类型(如图 7-2 所示的太阳能路灯)，小型一般都是独立系统。

图 7-1　太阳能电池系统

图 7-2　太阳能路灯(作者摄于云南大理)

1. 独立型太阳能电池系统的特点

独立型太阳能电池系统即不和电力公司公共电网并网的系统。太阳能电池的光电转换效率受到电池本身的温度、太阳光强和蓄电池电压浮动的影响，而这三者在一天内都会发生变化，太阳照在地面辐射光的光谱、光强受到大气层厚度(即大气质量)、地理位置、所在地的气候和气象、地形地物等的影响，其能量在一日、一月和一年内都有很大的变化，甚至各年之间的每年总辐射量也有较大的差别。地球上各地区受太阳光照射及辐射能变化的周期为一天(24h)，处在某一地区的太阳能电池的发电量也有 24h 的周期性变化，其规律与太阳光照在该地区辐射的变化规律相同。另外，天气的变化将影响太阳能电池组件的发电量，如果有连续的阴雨天，太阳能电池组件就几乎不能发电，所以太阳能电池的发电量是变量。蓄电池组也是工作在浮充电状态下的，其电压随方阵发电量和负载用电量的变化而变化。蓄电池提供的能量还受环境温度的影响。太阳能电池充放电控制器由电子元器件制造而成，它本身也需要耗能，而使用的元器件的性能、质量等也关系到耗能的大小，从而影响充电的效率等。负载的用电情况也视用途而定，有的设备具有固定的耗电量，如通信中继站、无人气象站等，而民用照明及生活用电设备等，其用电量经常会发生变化。

对独立光伏系统来说，光伏发电是唯一的电力来源，这种情况下，从全天使用的时间上来区分，可分为白天、晚上和白天连晚上三种负载状态。对于仅在白天使用的负载，多数可以由光伏系统直接供电，减少了由于蓄电池充放电等引起的损耗，所配备的光伏系统容量可以适当减小。仅在晚上使用的负载其光伏系统所配备的容量就要相应增加。昼夜使用的负载所需要的容量则在两者之间。此外，从全年使用的时间上来区分，又可大致分为均衡性负载、季节性负载和随机性负载。影响光伏系统运行的因素很多，关系十分复杂，在实际情况下，要根据现场条件和运行情况进行处理。由于太阳辐射的随机性，无法确定光伏系统安装后方阵面上各个时段确切的太阳辐照量，只能将气象台记录的历史资料作为参考。然而，通常气象台站提供的是水平面上的太阳辐照量，需要将其换算成倾斜方阵面上的辐照量。对于一般的光伏系统而言，只要计算倾斜面上的月平均太阳辐照量即可，不必考虑瞬时太阳辐射通量。设计者的任务就是在太阳能电池所处的环境条件下(即现场的地理位置、太阳辐射能、气候、气象、地形和地物等)，设计合适的太阳能电池应用系统，既要讲究经济效益，又要保证系统的高可靠性。

2. 独立太阳能电池系统的基本组成

图 7-3 给出了一种常用的太阳能独立光伏发电系统结构的示意图，该系统由太阳能电池阵列、DC/DC 变换器，蓄电池组，DC/AC 逆变器和交、直流负载构成。如果负载为直流则可不用 DC/AC 逆变器。DC/DC 变换器将太阳电池阵列转换的电能传送给蓄电池组存储起来，供日照不足时使用。蓄电池组的能量直接给直流负载供电或经 DC/AC 逆变器给交流负载供电。

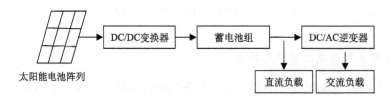

图 7-3　独立光伏发电系统

独立太阳能发电系统的主要组成部分包括：太阳能电池组件及支架，免维护铅酸蓄电池，充放电控制器，逆变器（使用交流负载时使用），以及各种专用交、直流灯具，配电柜及线缆等。控制箱箱体应材质良好，美观耐用；控制箱内放置免维护铅酸蓄电池和充放电控制器。阀控密封式铅酸蓄电池由于其维护很少，故又被称为免维护电池，使用它有利于降低系统维护费用；充放电控制器在设计上具备光控、时控、过充保护、过放保护和反接保护等功能。例如，对一个独立太阳能路灯系统而言，其工作原理为：太阳能电池板白天接收太阳辐射能并转换为电能，经过充放电控制器储存在蓄电池中，夜晚当外界照度逐渐降低到一定数值，太阳电池板开路电压降低到对应数值，充放电控制器检测到这一电压值后发生动作，蓄电池对灯具供电。蓄电池放电到设定时间后，充放电控制器动作，蓄电池放电结束。充放电控制器的主要作用是保护蓄电池。充放电的情况和路灯发光时间可以根据用户需要通过控制器设定。供电形式根据用户用电需要分为直流和交流两种。蓄电池放电为直流电，如果需要交流用电，需要加上把直流电变成交流电的逆变器。

3. 太阳能电池用蓄电池

蓄电池是用来将太阳电池组件产生的（直流）电能存储起来供后级负载使用的部件。太阳电池的电压要超过蓄电池工作电压的 20%～30%，才能保证给蓄电池正常供电。蓄电池容量比负载日耗量高 6 倍以上为宜。目前，蓄电池主要有铅酸蓄电池、镍-金属氢化物蓄电池、锂离子蓄电池、燃料电池等。其中，铅酸电池价格低廉，其价格为其余类型电池价格的 1/4～1/6，一次投资比较低，大多数用户能够承受，且技术和制造工艺成熟；缺点是重量大、体积大、能量质量比低，对充放电要求严格。在独立光伏系统中，一般都需要控制器来控制其充电状态和放电深度，以保护蓄电池，延长其使用寿命。有些国家使用镍镉电池，镍镉电池通常比铅酸电池贵，但电池寿命长、维修率低、耐用、可承受极热和极冷的温度，而且可以完全放电，在某些镍镉电池系统中可以省略控制器部分。一般控制器不能通用，市场上提供的常规控制器是为铅酸电池设计的。同时，也应该选用具有深度循环功能的（深度循环指放电深度在 60%～70%，甚至更高）蓄电池。深度循环电池用较大的电极板制成，可承受标定的充放电次数。循环次数取决于放电深度、放电速度、充电速率等，主要特点是采用较厚的极板以及较高密度的活性物质。电池极板较厚，有较大容量，而且放电时，释放速度较慢。而活性物质的高密度则可以保证它们在电池的极板/栅板中附着更长的时间，从而降低其衰减的程度，确保电池在深循环状态下拥有较长的使用寿命，深循环后的恢复能力好。相反，浅循环电池则使用较轻的电极板，不能像深度循环电池那样多次循环使用。

蓄电池的容量决定了负载所能工作的天数，通常是指在没有外电力供应的情况下，完全由蓄电池储存的电量供给负载所能维持的天数。蓄电池容量可参考当地年平均连阴雨天数和客户的需要等因素决定。蓄电池的设计包括蓄电池容量的设计和蓄电池组的串并联设计。

1) 蓄电池的工作原理

蓄电池是一种可逆的直流电源，是提供和存储电能的电化学装置。所谓可逆即放电后经过充电能复原续用。蓄电池的电能是由浸在电解液中的两种不同极板之间发生化学反应产生的。蓄电池放电(电流流出)是化学能转化为电能的过程;蓄电池充电(电流流入)是电能转化为化学能的过程。例如,铅酸蓄电池由正、负极板,电解液和电解槽组成。正极板的活性物质是二氧化铅(PbO_2),负极板的活性物质是灰色海绵状金属铅(Pb),电解液是硫酸水溶液。蓄电池的充放电总化学方程式为

$$2PbSO_4+2H_2O \longleftrightarrow PbO_2+Pb+2H_2SO_4 \qquad (7\text{-}1)$$

充电过程中,在外加电场的作用之下,正负离子各向两极迁移,并在电极溶液界面处发生化学反应。充电时,正极板的 $PbSO_4$ 恢复为 PbO_2,负极板的 $PbSO_4$ 恢复为 Pb,电解液中的 H_2SO_4 增加,浓度上升。充电一直进行到极板上的活性物质完全恢复到放电前的状态为止。如果继续充电,将引起水电解,放出大量气体。蓄电池的正负极板浸入电解液中后,由于少量的活性物质溶解于电解质溶液,产生电极电位。由于正、负极板电极电位不同而形成蓄电池的电动势。当正极板浸入电解液中时,少量的 PbO_2 溶入电解液中生成 $Pb(OH)_4$,再分解成四价铅离子和氢氧根离子。当两者达到动态平衡时,正极板的电位约为+2V。负极板处金属 Pb 与电解液作用变为 Pb^{2+},极板带负电,因为正负电荷互相吸引,Pb^{2+} 有沉附于极板表面的倾向,当两者达到动态平衡时,极板的电极电位约为–0.1V,一个充满电的蓄电池(单格)的静止电动势 E_0 约为2.1V,实际测定结果为2.044V。

如图 7-4 所示,蓄电池放电时在电池内部电解质发生电解,正极板的 PbO_2 和负极板的 Pb 变为 $PbSO_4$,电解液中的 H_2SO_4 减少,浓度下降。电池外部,负极上的负电荷在蓄电池电动势作用之下源源不断地流向正极,整个系统形成一个回路。在电池负极发生氧化反应,在电池正极发生还原反应。由于正极上的还原反应使得正极板电极电位逐渐降低,同时负极板上的氧化反应又促使电极电位升高,整个过程将引起蓄电池电动势的下降。蓄电池的放电过程是其充电过程的逆过程。蓄电池放电终了,极板上尚有70%~80%的活性物质没有起作用,好的蓄电池应该充分提高极板活性物质的利用率。

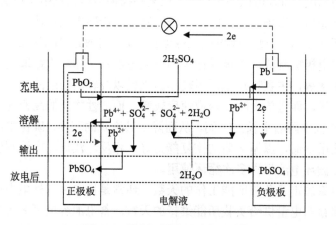

图 7-4　蓄电池的放电过程示意图

2)铅酸密封蓄电池的结构

铅酸密封蓄电池由正负极板、隔板、电解液、电池槽及连接条(或铅零件)、接线端

子和排气阀等组成。

极板是蓄电池的核心部件是带有栅格结构的铅栅格板。极板分正极板和负极板两种。正极板上的活性物质是二氧化铅，呈棕红色；负极板上的活性物质是海绵状纯铅，呈青灰色。由于极板材料铅较软，所以要加一些如锑或钙之类的元素以加强铅板的硬度，这样可改善电池的性能。阀控式密封铅酸(VRLA)蓄电池具有不需补加酸水、无酸雾析出、可任意放置、搬运方便、使用清洁等优点，近几年在光伏发电系统中得到了广泛应用。但是，蓄电池组的价格相对昂贵，寿命较短，一般免维护的工作寿命为 5 年，而光伏电池板的稳定工作寿命为 25～30 年，蓄电池的存在势必影响光伏系统的寿命。因此，用在独立光伏系统中应选用深度循环大负载类型的电池，同时，通过采用合适的充放电方法，尽量延长蓄电池的寿命，可以在很大程度上降低光伏系统的维护费用。

电池安装时，正负极板相互嵌合，之间插入隔板，用极板连接条将所有的正极和所有的负极分别连接，如此组装起来，便形成单格蓄电池。单格蓄电池中负极板比正极板多一块。不管单格蓄电池含有几块正极板和负极板，每个单格蓄电池均只能提供 2.1V 左右的电压。极板的数量越多，蓄电池能提供此电压的时间越长。一个单格电池的正极桩与另一个单格电池的负极桩依次用链条串联焊接，最后留出一组正负极板作为蓄电池的正负极，这样即构成蓄电池。单格电池的极板厚度越薄，活性物质的利用率就越高，容量就越大。极板面积越大，参与反应的物质就越多，容量就越大。同性极板中心距越小，蓄电池内阻就越小，容量就越大。为减小尺寸和内阻，正负极板应该尽量靠近，但为了避免相互接触而短路，正负极板之间用绝缘的隔板隔开。隔板是多孔性材料，化学性能稳定，有良好的耐酸性和抗氧化性，目前免维护铅酸蓄电池用的隔板是玻璃纤维纸。

蓄电池的电解液主要由纯水与硫酸组成，配以一些添加剂混合而成。电解液的主要作用：一是参与电化学反应，是蓄电池的活性物质之一；二是起导电作用，蓄电池使用时通过电解液中离子的迁移，起到导电作用，使电化学反应得以顺利进行，起到离子良好扩散(离子导电)的作用。

安全阀也是蓄电池的关键部件之一，它位于蓄电池顶部，作用首先是密封，当蓄电池内压低于安全阀的闭阀压时安全阀关闭，防止内部气体的酸雾往外泄漏，同时也防止空气进入电池造成不良影响；同样，当蓄电池使用过程中内部产生的气压达到安全阀压时，安全阀打开将压力释放，防止产生电池变形、破裂和蓄电池内氧复合、水分损失等。例如，铅-锑电池在制造铅酸蓄电池板栅时使用了铅锑合金。铅-锑电池可承受深度放电，但因为水耗散多，需要定期维护。

3) 蓄电池容量及设计

蓄电池的容量是指在规定的放电条件下，完全充足电的蓄电池所能放出的电量，用符号"C"表示。蓄电池的容量是标志蓄电池对外放电的能力、衡量蓄电池质量的优劣以及选用蓄电池的最重要指标。蓄电池的容量采用 A·h(安·时)来计量，即容量等于放电电流与持续放电时间的乘积。在蓄电池中，如果电解液密度增大，电池电动势增大，参加反应的活性物质增多，电池容量就增大。但是，电解液密度过高，黏度增大，内阻增加趋势增大，电池容量就会减小，所以，要选取一个合适的电解液密度。温度对电池容量也有很大的影响，温度下降，电解液黏度增加，则电解液渗入极板困难，导致活性物质利用率低，电池内阻增加，容量下降。

蓄电池容量设计计算的基本步骤如下。

(1)将每天负载需要的用电量乘以根据客户实际情况确定的自给天数得到初步的蓄电池容量。

(2)因为不能让蓄电池在自给天数中完全放电，所以将第一步得到的蓄电池容量除以蓄电池的允许最大放电深度，得到所需要的蓄电池容量。最大放电深度的选择需要参考光伏系统中选择使用的蓄电池的性能参数。通常情况下，如果使用的是深循环型蓄电池，推荐使用 80%放电深度(DOD)；如果使用的是浅循环蓄电池，推荐选用使用 50%DOD。设计蓄电池容量的基本公式为

$$蓄电池容量=(自给天数×日平均负载)/最大放电深度 \qquad (7\text{-}2)$$

如果蓄电池的电压达不到要求，可以用电池串联的方法解决；如果蓄电池的电流达不到要求，可以用并联的方法解决。串联蓄电池数量的计算公式为

$$串联蓄电池数=负载标称电压/蓄电池标称电压 \qquad (7\text{-}3)$$

式中，蓄电池的供电电压为其标称电压，负载的工作电压为其标称电压。

例如，某光伏供电系统电压为 24V，选用标称电压为 12V 的蓄电池，则需要串联 2 组蓄电池。该光伏供电系统负载为 20(A·h)/天，自给天数为 4 天，如果使用低成本的浅循环蓄电池，蓄电池允许的最大放电深度为 50%，那么，蓄电池容量=4 天×(20(A·h)/天)÷0.5=160A·h。如果选用 12V/100(A·h)的蓄电池，那么需要串联 2 个且并联 2 个共 4 个蓄电池。

4)蓄电池的充电

新蓄电池和新修复的蓄电池使用前必须先进行初充电，使用中的蓄电池要进行补充充电。为了使蓄电池保持一定的容量和延长寿命，需定期进行过充电和锻炼充电。由于蓄电池是直流电源，必须使用直流电源对其进行充电。充电时，充电电源的正极接蓄电池的正极，负极接蓄电池的负极。初充电是指对新蓄电池或更换极板后的蓄电池进行的首次充电。初充电要求充电电流小，充电时间长，必须彻底充满。在充电过程中，充电电流恒定不变(通过调整电压，保证电流不变)称为"恒流充电"，是一种常用的电池充电方法。充电时把同容量的蓄电池串联起来接入充电电源。一般采用两阶段充电法，在第一阶段用较大的电流充电，当单格电池电压升到 2.4V，电解液开始产生气泡时，将充电电流减小到一半进行第二阶段恒流充电，直到蓄电池完全充足电为止。恒流充电的优点是充电电流可任意选择，有益于延长蓄电池寿命，可用于初充电和去硫化充电；恒流充电的缺点是充电时间长，且充电过程中需要经常调整充电电流的大小。蓄电池的充电方式主要有以下几种。

(1)恒流充电，是一直以恒定不变的电流进行充电，采用控制充电器的方法来实现。这种通过控制充放电器来维持电流恒定的方法操作简单、方便，特别适合于由多个蓄电池串联的蓄电池组。要使蓄电池放电慢，容量易于恢复，最好采用这种小电流长时间的恒流充电模式。其存在的主要问题是，开始充电阶段恒流值比可充值小，在充电后期恒流值又比可充值大，导致整个过程充电时间长，析出气体多，对极板冲击大，能耗高，

充电效率通常不超过 65%。一般免维护的蓄电池不宜使用此方法。恒流充电有一种变形方式——分段恒流充电，它是把充电后期的电流减小，从而避免充电后期电流过大引发的问题。实际中，通常需要根据光伏系统的要求和蓄电池的特性来确定充电电流的大小、时间、转换电流的时刻，以及充电终止的判断依据等。

对铅酸蓄电池的充电，刚开始进行恒流充电，充电电源必须采用直流电源。充电开始阶段，端电压迅速上升，孔隙内迅速生成硫酸；在电压稳定上升阶段，端电压缓慢上升至 2.4V 左右，孔隙内生成的硫酸向孔隙外扩散，当硫酸生成的速度与扩散速度达到平衡时，端电压随整个容器内电解液密度的变化而缓慢上升；充电末期，电压迅速上升到 2.7V 左右，且稳定不变，充电电流用于电解水，电解液呈沸腾状态。因此，铅酸蓄电池应避免长时间过充电。蓄电池充满电的特征是端电压上升到最大值 2.7V，并在 2～3h 内保持稳定，不再增加。这时蓄电池内产生大量气泡，即电解液产生沸腾现象。

(2)恒压充电，是针对每只单体蓄电池以某一恒定电压进行充电。其优点为：开始阶段充电电流很大，充电速度快，充电时间短；随后充电电流会随着电池电动势的上升而逐渐减小，直到充电电流减小为零，使充电自动停止，整个过程不必人工调整和干预。恒压充电的优点是充电过程中析气量小，充电时间短，能耗低，充电效率可达 80%。缺点是充电电流大小不能调整，所以不能保证蓄电池彻底充足电，也不能用于初充电和去硫化充电。恒压充电一般应用在蓄电池组电压较低的场合。

(3)脉冲快速充电，是以脉冲大电流充电来实现快速充电的方法，具体方法是：先用大电流恒流充电至电池电压为 2.4V，停止充电 15～25ms；反向脉冲充电，然后，停止充电 25～40ms，如此循环，直至充足电量。

(4)智能充电，是一种最小损耗充电模式，它能够自动跟踪蓄电池可接受的充电电流，使其与蓄电池内部极化电流相一致。常规的充电技术则不能动态跟踪蓄电池的实际状态并确定电池当前可接受的充电电流大小。智能充电系统由充电器与被充电蓄电池组成二元闭环电路，充电器根据蓄电池的状态确定充电参数，充电电流始终处在可接受的充电电流曲线附近，使蓄电池几乎在无气体析出条件下充电，做到既节约用电又对蓄电池无损伤。智能充电器的设计需要已知蓄电池可接受的充电电流曲线。

5) 蓄电池的放电

蓄电池开始放电时端电压由 2.14V 迅速下降至 2.1V；极板孔隙内硫酸迅速消耗，电解液密度迅速下降，浓差极化增大。然后进入相对稳定的阶段，端电压由 2.1V 缓慢下降至 1.85V，极板孔隙外向孔隙内扩散的硫酸与孔隙内消耗的硫酸达到动态平衡。最后，蓄电池的放电电压进入迅速下降阶段，端电压由 1.85V 迅速下降至 1.75V，电解液密度直线下降。

铅酸电池出厂时虽然做了严格的挑选，但使用一段时间以后，电压的不均匀性会出现并逐渐变大，导致充电过程不能对其中的欠充蓄电池进行有效补充，同时也不能限制已经过充的蓄电池充入量。因此，在电池组使用中后期，应以定期与不定期相结合的方式测定每块电池的开路电压。电压较低的需要单独补充充电，使其电压和容量与其他电池一致，尽量减小每块电池之间的差距。

6) 蓄电池的使用和维护

在较冷的环境中，铅酸电池的电解液可能会结冰。结冰温度是电池充电状态的函数。当电池完全放电时，电解液在零下几度会结冰，而当电池充满电时电解液能耐零下50℃的低温。在寒冷的天气中，通常是将电池置于电池盒中，并将电池盒埋入地下以保持恒定的温度。镍镉电池在寒冷的天气中一般不会损坏。任何电池均需要定期维护，即使是密封的免维护电池也应定期检查其接头是否牢固、清洁和无损伤。对于电解液电池，电解液应始终保持全浸没极板的状态，同时电压和标定重量也需要符合要求。

(1) 蓄电池的故障。蓄电池的故障可以分为外部故障和内部故障。外部故障有外壳裂纹、极柱腐蚀、极柱松动、封胶干裂。内部故障有极板硫化、活性物质脱落、极板栅架腐蚀、极板短路、自放电、极板拱曲等。

故障一：极板硫化。极板硫化就是极板上生成一层白色粗晶粒的 $PbSO_4$，在正常充电时不能转化为 PbO_2 和 Pb 的现象。发生极板硫化的电池放电时，电压急剧降低，过早降至终止电压，电池容量减小。极板硫化的原因有以下四种可能：①蓄电池长期充电不足或放电后没有及时充电，会导致极板上的 $PbSO_4$ 有一部分溶解于电解液中，环境温度越高，溶解度越大。当环境温度降低时，溶解度减小，溶解的 $PbSO_4$ 就会重新析出，在极板上再次结晶，形成极板硫化；②长期过量放电或小电流深度放电，使极板深处活性物质的孔隙内生成 $PbSO_4$；③新蓄电池初充电不彻底，活性物质未得到充分还原；④电解液密度过高、成分不纯，以及外部气温变化剧烈。

故障二：自放电。自放电是指蓄电池在无负载的状态下，电量自动消失的现象。随着电池使用时间的延长及电池温度升高，蓄电池的自放电率会增加。对于新电池，自放电率通常小于容量的 5%，但对于旧的和质量不好的蓄电池，自放电率可增至每月 10%～15%，如果充足电的蓄电池在 30 天之内每昼夜容量降低超过 2%，称为故障性自放电。发生自放电的原因有以下四种可能：①电解液不纯，杂质与极板之间以及沉附于极板上的不同杂质之间形成电位差，通过电解液产生局部放电；②蓄电池长期存放，硫酸下沉，使极板上、下部产生电位差，引起自放电；③蓄电池溢出的电解液堆积在电池盖的表面，使正、负极柱形成通路；④极板活性物质脱落，下部沉积物过多使极板短路。

(2) 蓄电池的使用和维护方法。蓄电池正确使用和维护的主要事项包括以下几点：①检查蓄电池安装是否牢固，是否会因外界因素而损坏壳体；②观察蓄电池外壳表面有无电解液漏出，不要将金属物体放在蓄电池上，以防短路；③经常查看极柱和接线头连接是否可靠；④容量一定要设计好，当需要用两块蓄电池串联使用时，蓄电池的容量最好相等，不要过放电，否则会影响蓄电池的使用寿命；⑤注意使用温度，蓄电池一般在20～30℃时使用比较理想。

独立太阳能电池系统中的铅酸蓄电池使用寿命与是否过充电或过放电有很大关系，只要在太阳能光伏电源系统工作过程中保持蓄电池不过充电，也不过放电，就能延长其使用寿命。独立太阳能电池系统一般是白天太阳能电池充电到蓄电池，晚上蓄电池放电工作，该过程由控制器实现。当太阳光照射时，太阳能电池组件产生的直流电流对蓄电池进行充电，同时，由过充和过放电压检测电路对蓄电池端电压进行检测。蓄电池端电压大于预先设定的过充电压值时指示停止充电。蓄电池对负载放电时其端电压会逐渐降低，当端电压降低到小于预先设定的过放电压值时，控制电路自动切断负载回路，避免蓄电池继续放电，同时接通充电回路为蓄电池充电。

在使用铅酸电池时应注意到，电池中含有酸性或腐蚀性物质，如果操作不当，就会发生危险，甚至危及生命。铅酸电池的酸性气体会腐蚀和损坏电子元件，因此电器元件一般不能安装在电池附近。任何电池都具有危险性，电压越高，危害越大，应由有经验的人操作。同时，要保证电池系统的输出端有短路保护电路，因为任何光伏系统在输出端短路时都会产生巨大的电流，尽管这个电流可能只持续非常短的时间，但在 12V 电压下，如果电池短路，大电流依然能引起火灾。

4. 太阳能电池组件的容量设计

太阳能电池组件是太阳能发电系统中的核心部分，也是太阳能发电系统中价值最高的部分。它可以将太阳的辐射能转换为电能推动负载工作，或送往蓄电池中存储起来；另外，太阳能电池组件作为系统的光控元件，从太阳能电池两端电压的大小即可检测户外的光亮程度，也就是可以通过太阳能电池电压的大小来判断天黑和天亮的状态等。目前的太阳能电池主要是以晶硅电池为主，还包括薄膜太阳能电池。晶硅电池的一个标准组件包括 36 片单体，大约能产生 17V 的电压。当应用系统需要更高的电压和大电流时，可将多个组件组成太阳能电池方阵，以获得所需的电压和电流。

1）太阳能电池组件输出的计算方法

太阳能电池组件的输出是指在标准状态下的输出，但在实际使用中，日照等环境条件不可能和标准状态完全相同。实际中，通常使用峰值小时数的方法估算太阳能电池组件的输出。具体方法为：用来标定太阳能电池组件功率的标准辐射量是 $1000W/m^2$，将实际太阳能电池倾斜面上的太阳能辐射转换成等同的标准太阳辐射。如果某地区日平均辐射为 $6.0(kW \cdot h)/m^2$，基本等同于太阳电池组件在标准辐射下照射 6h。使用峰值小时计算方法存在一定的偏差，具体原因如下。

（1）该方法忽略了太阳能电池组件输出的温度效应。温度效应对较少电池片串联组件输出的影响比多片串联组件影响大。实际应用中，峰值小时计算方法对 36 片串联的太阳能电池组件可以得到比较准确的估算结果，但对于 33 片串联的太阳能电池组件则误差较大，尤其是在高温环境下，偏差更为明显。对于所有的太阳能电池组件，在寒冷气候时的预计会更加准确。

（2）峰值小时方法使用了气象数据中总的太阳辐射。实际上，在每天的清晨和黄昏，有一段时间因为辐射很低，太阳能电池组件产生的电压太小而无法供给负载使用或者给蓄电池充电，这将会导致估算偏差增大。但一般情况下，上述误差不影响正常使用。

以上给出的只是容量的基本估算方法，在实际情况中还有很多参数会对容量产生影响。在进行光伏系统设计时，可以使用专业软件辅助完成，恰当地使用辅助软件能节约设计时间、提高计算的准确度和光伏系统的效率。

2）独立光伏系统的工作电压

独立光伏系统的工作电压取决于负载所需的电压和电流。如果系统电压设置与最大负载电压相等，则这些负载可直接接到系统的输出端；对于限制电流为 100A 的系统，各部分电源电路中的电流应在 20A 以下，以保证使用安全；电流低于推荐值时，系统中可以使用标准的电气设备和导线。当负载需要交流电源时，直流系统的输出电压由具体的逆变器特性决定，具体规则如下。

(1)直流负载的电压通常是 12V 或 12V 的倍数，如 24V、36V、48V 等，对于直流系统，系统电压应为负载所需的最大电压。大多数直流光伏系统的功率在 12V 下小于1kW。

(2)如果负载需要不同的直流电压，选择具有最大电流的电压作为系统电压，其他所需电压可用 DC/DC 变换器来提供。

(3)独立光伏系统的绝大多数交流负载在 120V 下工作。

5. 控制器

控制器是太阳能系统中的一个重要环节，其性能直接影响系统寿命，特别是蓄电池的寿命。系统通过控制器实现对系统工作状态的管理、蓄电池剩余容量的管理、蓄电池的最大光伏功率跟踪(MPPT)充电控制、主电源及备用电源的切换控制以及蓄电池的温度补偿等主要功能。控制器一般使用工业级微控制器(MCU)作为主控芯片，通过对蓄电池和太阳能电池组件电压、电流等参数以及环境温度的检测与判断，控制 MOSFET(金属氧化物半导体效应管)器件的开通与关断，实现各种控制和保护功能，并对蓄电池起到过充电保护、过放电保护的作用。在温差较大的地方，控制器应具备温度补偿的功能。控制器的其他附加功能包括光控开关、时控开关等。控制器能够对蓄电池进行全面的管理，好的控制器应当根据蓄电池的特性设定各个关键参数点，如蓄电池的过充点、过放点、恢复连接点等。例如，在选择光伏路灯系统的控制器时，特别需要注意控制器恢复连接点参数，由于蓄电池有电压自恢复特性，当蓄电池处于过放电状态时，控制器切断负载，随后蓄电池电压恢复，如果这时控制器各参数点设置不当，则可能出现灯具闪烁不定的情况，缩短蓄电池和光源的寿命。

1)控制系统

控制系统包括微机主控线路和充电驱动线路。微机主控线路是整个系统的控制核心，控制整个太阳能路灯系统的正常运行。微机主控线路具有测量功能，通过对太阳能电池板电压、蓄电池电压等参数的检测与判断，控制相应线路的导通或关断，实现各种控制和保护功能。充电驱动线路由 MOSFET 驱动模块及 MOSFET 器件组成。MOSFET 驱动模块采用高速光耦隔离，发射极输出，有短路保护和慢速关断功能。MOSFET 选用隔离式、节能型单片机开关电源专用 IC，全电压输入范围为 150～200V，输出电流为 8～9A。MOSFET 器件输入电压范围宽，具有良好的电压调整率和负载调整率，抗干扰能力强，功耗低。系统通过充电驱动线路完成太阳能电池组向蓄电池的充电，电路中还提供了相应的保护措施。

针对一个具体的太阳能灯具系统，控制系统除微机主控线路和充电驱动线路外，还需要设计照明驱动线路。照明驱动线路由 IGBT(绝缘栅双极晶体管)驱动模块及MOSFET 组成，实现对灯具亮度的调节和控制。通过程序设计，控制系统可以实现对照明电路机动、灵活的控制。例如，可以根据实际情况通过 PWM(脉冲宽度调制)方式实现路灯的亮度调节，控制路灯前半夜与后半夜保持不同亮度；或通过实现开关控制，开启单边路灯或前半夜开灯、后半夜关灯等。控制系统也可以根据当地的地理位置、气象条件和负载状况做出最优化设计。对于季节因素，冬天太阳辐射要比夏天少，太阳电池阵列冬天产生的电量比夏天少，但冬天需要照明的电量却比夏天多，从而使照明系统的发电量与需电量形成反差，目前，控制系统依然难以平衡月发电量盈余和耗电量亏损。根据太阳能光伏系统的特点，系统运行时也要兼顾蓄电池剩余容量的影响。当系统正常工作时，利用蓄电池剩余容量检测方法得到当前蓄电池容量，查询得到蓄电池将要维持的供电时间，通过控制器调控平均使用蓄电池现有电量，同时根据当晚可使用的蓄电池电量对系统照明方式灵活调整，可以达到合理使用蓄电池现有电量的目的。

为了提高照明系统发电量的利用率，克服系统缺电带来的不足，在太阳能照明系统的发展中，人们不断地对照明系统常用的控制模式进行分析，设计各种实际可行的工作模式，同时光源技术也在不断地更新换代，蓄电池的充电模式也在不断地研究探索中有效利用率越来越高。

2) 蓄电池充放电

蓄电池充放电控制是整个系统的重要功能，影响整个太阳能应用系统的运行效率，还能防止蓄电池组的过充电和过放电。蓄电池的过充电或过放电对其性能和寿命有严重影响。蓄电池充放电控制功能、按控制方式可分为开关控制（含单路和多路开关控制）型和脉宽调制控制（含最大功率跟踪控制）型。开关控制型中的开关器件，可以是继电器，也可以是 MOS（半导体金属氧化物）晶体管。脉宽调制控制型只能选用 MOS 晶体管作为其开关器件。在白天晴天的情况下，根据蓄电池的剩余容量，选择相应的占空比方式向蓄电池充电，力求高效充电；夜间根据蓄电池的剩余容量及未来的天气情况，通过调整占空比的方式调节输出功率，以保证均衡合理地使用蓄电池。此外，控制系统还具有对蓄电池过充的保护功能，即充电电压高于保护电压时，自动调低蓄电池的充电电压；此后当电压降至维护电压时，蓄电池进入浮充状态，当低于维护电压后浮充关闭，进入均充状态。当蓄电池电压低于保护电压时，控制器自动关闭负载开关以保护蓄电池不受损坏。通过 PWM 方式充电，既可使太阳能电池发挥最大功效，同时又提高了系统的充电效率。

任何一个独立光伏系统都必须有防止反向电流从蓄电池流向阵列的设计。如果控制器没有防止反向电流的功能，则要在电路中使用阻塞二极管。阻塞二极管既可在每一个并联支路，又可在阵列与控制器之间的干路上，但是当多条支路并连接成一个大系统时，则应在每条支路上使用阻塞二极管以防止由于支路故障或遮蔽引起的电流由强电流支路流向弱电流支路的现象发生。另外，如果有几个电池被遮蔽，则它们不会产生电流，而是形成反向偏压，这就意味着被遮电池消耗功率发热，久而久之造成故障，所以需要旁路二极管起保护作用。

在大多数光伏系统中都用控制器保护蓄电池，避免过充或过放。过充可能使电池中的电解液气化，造成故障，而电池过放会引起电池过早失效。过充、过放均有可能损害负载。所以控制器是光伏系统中的重要部件。控制器依靠电池的充电状态（SOC）来控制系统。当电池快要充满时，控制器就会断开部分或全部的太阳能电池阵列；当电池放电至低于预设水平时，控制器就会断开全部或部分负载(此时控制器包含低压断路功能)。控制器有两个动作设定点，用以保护电池。每个控制点有一个动作补偿设置点。例如，一个12V的电池，控制器的阵列断路电压通常设定在14V，这样当电池电压达到这个值时，控制器就会把阵列断开，一般此时电池电压会迅速降到13V；控制器的阵列再接通电压通常设在12.8V，这样当电池电压降到12.8V时，控制器动作，把阵列接到电池上继续对电池充电。同样地，当电压达到11.5V时，负载被断开，直到电压达到12.4V以后才能再接通。有些控制器的接通/断开电压在一定范围内可调，这一功能可以用来监控电池的使用。使用中控制器的工作电压必须与系统的标称电压相一致，且控制器必须能使光伏阵列产生最大电流。

控制器的其他功能还包括温度补偿、反向电流保护、显示表或状态灯、可调设置点(高压断路、高压接通、低压断路、低压接通)、低压报警、最大功率跟踪等。

3)控制器的类型

在光伏系统中有两种基本的控制器类型。一类是分路控制器，用以更改或分路电池充电电流。这类控制器带有一个大的散热器以散发由多余电流产生的热量。大多数的分路控制器是为30A以下电流的系统设计的。另一类是串联控制器，通过断开光伏阵列来断开充电电流。分路控制器和串联控制器也可分许多类，但总体来说这两类控制器都可设计成单阶段或多阶段工作方式。单阶段控制器是在电压达到最高水平时才断开阵列；而多阶段控制器在电池接近满充电时允许以不同的电流充电，这是一种更有效的充电方法。当电池接近满充电状态时，其内阻增加，用小电流充电能减少能量损失。

6. 太阳能电池系统用灯具

LED灯作为一种新兴光源正在以其无可比拟的优势得到迅速的推广应用，在城市亮化美化、道路照明、庭院照明、室内照明以及其他各领域的照明和应用中得到了有效的利用，已有替代常规照明灯的趋势。LED灯的主要优势包括：光线质量高、基本上无辐射、可靠耐用、维护费用低等；LED灯不含汞、无频闪，属于典型的绿色环保照明光源；LED照明光源体积小、重量轻、寿命长，一般LED灯的寿命长达10万小时，而白炽灯的寿命一般不超过2000小时，荧光灯寿命一般不过5000小时；相比传统光源，LED光源更加节能环保，超高亮度LED(UHB)的光效达到或超过100lm/W，在得到相同亮度的情况下，高亮度LED灯比白炽灯省电约90%。因为LED灯由低压直流供电，可以方便地与太阳能电池结合，特别适合应用于太阳能电池照明系统。在我国西部，非主干道太阳能路灯、太阳能庭院灯渐成规模。随着太阳能灯具的大力发展，绿色照明已经成为一种趋势。

LED是直流供电灯具，其工作原理是LED外施电压后在其内部会产生受激电子跃迁光辐射。不同半导体基本材料所产生的光波长不同，通常用不同波长的光合成白光。因为超高亮度LED产生的光线方向性过强，综合视觉效果较差，一般将多个LED集中在一起，排列组合成一定规则的LED发光源。超高亮白光LED发光源既要保证有一定的照射强度，又要具有较高的光效，一般综合考虑光通量和光效找到最佳工作点。太阳能灯由多个LED灯串联而成，亮度通过PWM方式改变流过LED的电流得以实现调节，

PWM 信号可由微控制器产生，也可由其他脉冲信号产生。PWM 信号可使通过 LED 灯的电流从零变到额定电流，即可使 LED 灯从暗变为正常亮度，达到预期的亮度效果。PWM 信号占空比越大，高电平时间越长，电流越大，亮度越高。利用 PWM 控制 LED 的亮度，非常方便和灵活，是目前最常用的调光方法。PWM 信号的频率可从几十到几千赫兹，调光是通过控制电路中的 MOSFET 晶体管的开关时间实现的。

7.2　并网型太阳能发电系统

并网型太阳能发电系统可分为逆潮流系统和非逆潮流系统。逆潮流系统是电力公司购买剩余电力的制度，非逆潮流系统是系统内电力需求比太阳能电池提供的电力大，不需要电力公司购买剩余电力的制度。与公共电网相连接的太阳能光伏发电系统称为并网光伏发电系统。并网光伏发电系统将太阳能电池阵列输出的直流电转化为与电网电压同幅、同频、同相的交流电，并实现与电网连接，向电网输送电能。图 7-5 给出了一种常用的并网型太阳能发电系统结构示意图，该系统包括太阳能电池阵列、DC/DC 变换器、DC/AC 逆变器、交流负载、变压器及在 DC/DC 变换器输出端并联的蓄电池组。蓄电池组可以提高系统供电的可靠性。在日照较强时，光伏发电系统首先满足交流负载用电，然后将多余的电能送入电网；当日照不足，太阳电池阵列不能为负载提供足够的电能时，可从电网或蓄电池组索取电能为负载供电。当然，如果考虑到成本，也可以不连接蓄电池，当光照不足时直接向电网索取电能为负载供电。并网型交流发电系统与独立系统相比省去了储能设备。

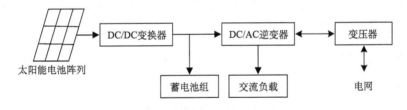

图 7-5　并网型太阳能发电系统

1. 并网系统电路的组成及总体设计

以 30 千瓦峰值总功率(30kWp)并网运行的太阳能发电系统为例进行说明。图 7-6 给出了该并网系统的电路设计图，由太阳能电池组件、逆变装置和交直流防雷配电柜组成。光伏组件在光伏效应下将太阳能转换成直流电能，直流电汇流后经防雷配电柜流入并网逆变器，逆变器将其逆变成符合电网电能质量要求的交流电，接入 380V/150Hz 三相交流站用电系统并网发电。在白天由光伏发电给用电负荷供电，并将多余电量馈入电网；晚上或阴雨天发电量不足时，由市电给用电负荷供电。该光伏并网发电系统配置一套以太网通信接口的本地监控装置，并通过接口将系统的工作状态和运行数据提供给无人值班站的综合自动化控制系统，实现远程集控站监测。

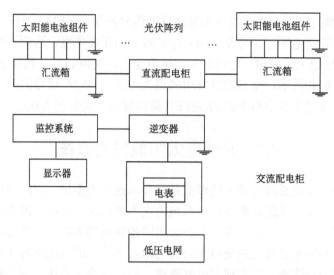

图 7-6　系统电路设计框图

2. 光伏组件

系统可以采用大功率单晶硅太阳能电池组件，每块组件的峰值功率为 180Wp，工作电压为 35.4V，共配置 168 块，实际总峰值功率为 30.24kWp。整个发电系统采用 8 块组件串联为一个单元。总共 21 个支路并联，输入 4 个汇流箱，其中 3 个汇流箱每个接 5 路输入，另一个汇流箱接 6 路输入。汇流后经过电缆进入主控室的交直流配电柜，通过交直流配电柜直流单元接入并网逆变器，最后由并网逆变器逆变输出，经交直流配电柜交流单元接至 380V 三相低压电网。

3. 光伏并网逆变器

并网系统对逆变器部分提出了更高的要求。

(1)逆变输出为正弦波，高次谐波和直流分量足够小，不会对电网造成谐波污染。

(2)逆变器在负载和日照变化幅度较大的情况下均能高效运行，即要求逆变器具有最大功率跟踪功能，无论日照和温度如何变化，都能自动调节，实现最大功率输出。

(3)具有先进的防孤岛运行保护功能，即电网失电时该系统自动从电网中切除，防止单独供电对检修维护人员造成危害。

(4)具有自动并网及解列功能，当早晨太阳升起，日照达到发电输出功率要求时，自动投入电网发电运行；当日落输出功率不足或电力系统受到干扰，稳定性遭到破坏时，自动从电网中解列。

(5)具有输出电压自动调节功能，并网逆潮流上送时，随并电网电压的变化随时调整电压和上送功率。

(6)具有完备的并网保护功能，当系统侧或逆变器侧发生异常时，迅速切断发电系统，即具备过电压和欠电压保护、过频率和欠频率保护等，满足无人值班远程监测的要求。

并网逆变器的电路结构如图 7-7 所示，通过三相全桥逆变器，将光伏阵列的直流电压变换为高频的三相交流电压，经滤波器滤波变成正弦波电压，并通过三相变压器隔离升压后并入电网发电。

图 7-7　并网逆变器的电路结构

　　光伏并网逆变器可以采用 DSP 控制板，运用电流控制型 PWM 有源逆变技术，宽直流输入电压范围为 220～450V；系统中的并网逆变器不断检测光伏阵列是否有足够的能量并网发电。当达到并网发电条件，即阵列电压大于 240V 维持 1min 时，逆变电源从待机模式转入并网发电模式，将光伏阵列的直流电变换为交流电，并入电网。同时在该模式下，逆变电源一直以 MPPT 方式使光伏阵列输出的能量最大，有效提高了系统对太阳能的利用率。当太阳辐射很弱，即阵列电压小于 200V 或到夜晚时，光伏阵列没有足够的能量发电，逆变器自动断开与电网的连接。

7.3　混合型太阳能发电系统

　　混合型太阳能发电系统介于并网型和独立型发电系统之间。这种系统通常是控制器和逆变器一体化，可以使用计算机控制整个系统，达到最佳工作状态。图 7-8 给出了混合型太阳能发电系统的结构示意图，它与以上两个系统的不同之处在于多了一台备用发电机组，当光伏阵列发电不足或蓄电池储量不足时，可以启动备用发电机组，备用发电机组既可以直接给交流负载供电又可以经过整流器后给蓄电池充电，所以称为混合型太阳能发电系统。

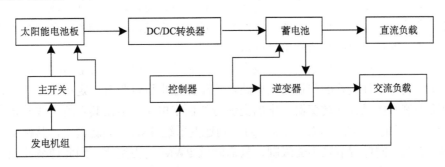

图 7-8　混合型太阳能发电系统结构示意图

　　混合型太阳能发电系统主要用于远离电网并要保证供电连续性的用电场合，如野战医院、科学考察站等。一旦光照不足或遇到阴雨天气，太阳能电池无法工作，且蓄电池存储的电量无法满足需要，发电机组就会代替太阳能电池给系统供应电能。

7.4　逆　变　器

　　太阳能电池光伏发电是直流系统，即太阳能电池发电能给蓄电池充电，而蓄电池直接给负载供电；当负载为交流电时，就需要将直流电变为交流电，这时就需要使用逆变器。逆变器的功能是将直流电转换为交流电，为整流的逆向过程，因此称为逆变。根据逆变器逆变原理的不同，有自激振荡型逆变器、阶梯波叠加逆变器和脉宽调制逆变器等。根据逆变器主回路拓扑结构的不同，可分为半桥结构、全桥结构、推挽结构等。逆变器应具有输出短路保护、输出过电流保护、输出过电压保护、输出欠电压保护、输出缺相保护、输出接反保护、功率电路过热保护和自动稳压等功能。

　　由于光伏电池的电压通常低于可以使用的交流电压，因此在光伏逆变器系统中需要一个可以实现直流升压的变换器，经过直流升压后的电压需要通过逆变器将直流电能变换为交流电能。光伏逆变系统的核心就是直流升压电路和逆变开关电路。直流升压电路和逆变开关电路都是通过电力电子开关器件的开与关来完成相应的升压和逆变功能。电力电子开关器件的通断控制需要一定的驱动脉冲，这些脉冲信号可以通过一个变化的电压信号得到，产生和调节脉冲的电路通常称为控制电路。逆变换使用具有开关特性的全控功率器件，通过一定的控制逻辑，由主控制电路周期性地对功率器件发出开关控制信号，再经变压器耦合升(降)压、整形、滤波就得到需要的交流电，一般中小功率的逆变器采用功率场效应管、绝缘栅晶体管，大功率的逆变器都采用可关断晶闸管器件。

　　逆变器的工作原理类似开关电源，通过一个振荡芯片或者特定的振荡电路，控制振荡信号的输出，信号经过放大推动场效应管不断开关，这样直流电经过这个开关动作形成一定的交流信号，经过滤波可以得到电网上的正弦交流电。逆变器是一种功率转换装置，对于使用交流负载的独立光伏系统来说，逆变器是必要的。逆变器选择的一个重要因素是所设定的直流电压的大小。逆变器的输出可分为直流输出和交流输出两类。直流输出称为变换器，是直流电压到直流电压的转换，这样可以提供不同直流负载所需的电压。对于交流输出，除了输出功率和电压外，还应考虑其波形和频率。在逆变器输入端须注意所要求的直流电压和所能承受的浪涌电压。

　　逆变器的控制可以使用逻辑电路或专用的控制芯片，也可以使用通用单片机或 DSP 芯片，或控制功率开关管的门极驱动电路。逆变器输出可以带有一定的稳压能力，以桥式逆变器为例，如果设计逆变器输出的交流母线额定电压峰值比其直流母线额定电压低10%～20%，目的是储备一定的稳压能力，则逆变器经 PWM 调制输出，其幅值可以调高 20%～70%；向低调节则不受限制，只需降低 PWM 的占空比。因此逆变器输入直流电压的波动范围为 15%～20%，向上只要器件耐压允许则不受限制，只需调小输出脉宽即可(相当于斩波)。当蓄电池或光伏电池输出电压较低时，逆变器内部需配置升压电路，升压可以使用开关电源方式，也可以使用直流充电泵原理。逆变器使用输出变压器形式升压，即逆变器电压与蓄电池或光伏电池阵列电压相匹配，逆变器输出较低的交流电压，再经工频变压器升压送入输电线路。需要说明的是，无论变压器还是电子电路升压，都要损失一部分能量。最佳的逆变器工作模式是直流输入电压与输电线路所需要的电压匹配，直流电力只经过一层逆变环节，以降低变换环的损耗，一般来说，逆变器的效率在90%以上。逆变环节损耗的能量转换为功率管、变压器的热能，该热量对逆变器的运行不利，威胁装置的安全，要使用散热器、风扇等将此热量排出装置以外。逆变损耗通常包括两部分：导通损耗和开关损耗。MOSFET 管开关频率较高，导通阻抗较大，由其构成的逆变器多工作在几十到上百 kHz 的频率下；而 IGBT 的导通压降则相对较小，开关损耗较大，开关频率在几千到几十 kHz 之间，一般选择 10kHz 以下。由于开关并非理想开关，其开通过程中，电流有一个上升过程，开关管端电压有一个下降过程，都需要一定的时间。电压与电流交叉过程的损耗就是开通损耗，关断损耗为电压、电流在相反方向变化的交叉损耗。降低逆变器损耗主要是降低开关损耗，新型的谐振型开关逆变器在电压或电流过零点处实施开通或关断，从而可以降低开关损耗。

作为在太阳能光伏发电系统应用中的逆变器，有很多特殊的设计与使用上的要求，例如，对输出功率和瞬时峰值功率的要求；对逆变器输出效率的要求；对逆变器输出波形的要求；对逆变器输入直流电压的要求等。

逆变器的选择会影响光伏系统的性能、可靠性和成本。逆变器的特性参数较多，包括输出波形、功率转换效率、标称功率、输入电压、电压调整、电压保护、频率、调制性功率因子、无功电流、大小及重量、音频和 RF 噪声、表头与开关等。有些逆变器具有电池充电遥控操作、负载转换开关、并联运行的功能。独立逆变器一般有直流 12V、24V、48V 或 120V 电压输入，产生 120V 或 240V、频率为 50Hz 或 60Hz 的交流电。

逆变器通常根据其输出波形来分类，分为方波逆变器、类正弦波逆变器和正弦波逆变器。方波逆变器相对较便宜，效率可达 90% 以上，谐波高，输出电压可调整范围小，适用于阻抗型负载和白炽灯。类正弦波逆变器在输出端可用脉宽提高电压调整，效率可达 90%，可用来带动灯、电子设备和大多数电机等各种负载。但在带动电机时，因存在谐波能量损失通常比正弦波逆变器的带动效率低。正弦波逆变器产生的交流波形与大多数电子设备产生的波形一样好，在额定功率范围内可以驱动任何交流负载。通常，逆变器的选型规格可在计算值的基础上增加 25%，这既可以增加该部件工作的可靠性，也可以满足负载的适量增加。对于小负载需求，所有逆变器的效率都比较低；当负载需求超过标称负载的 50% 以上时，逆变器的效率即可达标称效率（大约 90% 左右）。

下面对逆变器参数做出解释说明。①功率转换效率：其值等于逆变器输出功率除以输入功率，逆变器的效率会因负载的不同而有很大变化。②输入电压：由交（直）流负载所需的功率和电压决定。一般负载越大，所需的逆变器输入电压就越高。③抗浪涌能力：大多数逆变器可超过它的额定功率的时间有限（几秒钟），有些变压器和交流电机需要比正常工作时高几倍的启动电流（一般也仅持续几秒钟），对这些特殊负载的浪涌电流要测量出来。④静态电流：这是在逆变器不带负载（无功耗）时，其本身所用的电流，该参数对于长期带小负载的情况是很重要的，当负载不大时，逆变器的效率极低。⑤电压调整：指输出电压的可调节范围。一般系统在负载变化时，输出均方根电压接近常数。⑥电压保护：逆变器在直流电压过高时会损坏。而逆变器的前级——蓄电池在过充电时，逆变器的直流输入电压就会超过标称值，例如，一个 12V 的蓄电池在过充电以后可能会达到16V 的电压或者更高，这时就有可能破坏后级的逆变器。所以用控制器来控制蓄电池的充电状态是十分必要的。在无控制器时，逆变器须有测试电路和保护电路，当电池电压高于设定值时，保护电路会将逆变器断开。⑦频率：我国的交流负载在 50Hz 频率下工作。高质量的设备需要精确的频率调整，因为频率偏差会引起仪表、电子计时器等电子产品性能下降。⑧调制性：有些系统中使用多个逆变器，这些逆变器可并联起来带动不同的负载。有时为了防止出现故障，可以增加手动负载开关，使一个逆变器满足电路的特定负载要求，增加此开关提高了系统的可靠性。⑨功率因子：逆变器产生的电流与电压间的相位差的余弦值即功率因子，对于阻抗型负载，功率因子为 1，但对感抗型负载（用户系统中常用的负载），功率因子会下降，有时可低于 0.50，功率因子由负载确定而不是由逆变器确定。

需要注意的是，逆变器的正负极不能接反，否则会烧毁相关电器；最大输入电压不能超过额定输入电压的上限；由于逆变器有一定的空载电流，因此不使用时应切断输入电源；逆变器适用的环境温度一般是 10～40℃，因此，应尽量避开阳光直射，且不要将其他物品放置于逆变器上面，或覆盖住正在工作的逆变器；不要在易燃材料附近使用逆变器，也不要在易燃气体聚集的地方使用逆变器。

7.5　最大功率点跟踪系统

太阳能光伏阵列的 I-V 特征曲线在很大程度上受日照强度等条件的影响，系统工作点也会因此发生偏移，导致系统效率降低。为了提高太阳能电池系统的使用效率，确保阵列在任何辐照度和环境温度下获得最大功率输出，提出了太阳能电池阵列的最大功率点跟踪（maximum power point tracking，MPPT）问题。MPPT 的实现实质上是一个自寻优过程，采用基于模糊逻辑的 MPPT 控制算法可取得良好的动态响应速度和精度。MPPT 的实现有定电压跟踪法、功率回授法、扰动观测法、电导增量法、最优梯度法和遗传算法等。

1）定电压跟踪法

在太阳辐照度较强时，I-V 曲线族的最大功率点几乎分布在一条垂直线的两侧，因此可以认为最大输出功率点对应某个恒定的电压，实际上就是把 MPPT 控制简化为稳压控制。但是这种跟踪方式忽略了温度对光伏阵列的影响，因此，在定电压跟踪法的基础上提出的手工调节和微处理器查询数据两种方式弥补了这一不足。定电压跟踪法具有控制简单、易实现、可靠性高、稳定性好等优点，也存在控制精度差、需要人为调节、智能化程度低等不足。

2）功率回授法

功率回授法的基本原理是通过采集太阳能光伏阵列的瞬时直流电压值和直流电流值，计算出输出功率 P，然后由当前计算出的输出功率 P 和前一次计算所得的输出功率 P 相比较，最后通过比较的结果来调整太阳能光伏阵列的输出电压值。从太阳能光伏 P-V 关系曲线可以看出，同一输出功率 P 值下太阳能光伏阵列输出电压不唯一，这种方法可以设计成单值控制模式，即仅以 P-V 关系曲线顶点一侧为控制范围。基于以上原因，本方法的可靠性和稳定性均不佳，但是系统简单、易实现。

3）扰动观测法

扰动观测法是一种经过主动调整光伏系统的工作点来寻找最大功率增长的方向，最终到达最大功率点的方法。扰动观测法的基本原理：先扰动输出电压值（$V_{pv}+\Delta V$），再测量太阳能光伏阵列输出功率的变化，与扰动之前的输出功率值相比，若其值增加则表示扰动方向正确，可继续按$+\Delta V$方向扰动；若减少则表示扰动方向错误，可按$-\Delta V$方向扰动。扰动观测法具有结构简单、被测参数少以及跟踪原理明了、易于实现的优点。由于太阳能光伏阵列始终存在$\pm\Delta V$的误差，因此系统只能在最大功率点附近振荡运行，而且跟踪过程可能出现失序的情况，进而导致跟踪失败，因此，这种方法不适合在环境快速变化的情况下运行。系统的跟踪精度和速度受电压初始值与跟踪步长的影响较大。经过大量的实验得出，最大功率点对应的输出电压近似为太阳能光伏阵列开路电压的76%，因此，系统的初始值根据阵列的开路电压选择可以使系统的工作点快速接近最大功率点。

4）电导增量法

电导增量法是通过比较太阳能光伏阵列的瞬时导抗与导抗的变化量，根据比较结果进行相应的调整来实现最大功率点跟踪的功能。通过太阳能光伏的 P-V 曲线可得最大功率值 P_{max} 处的斜率为零，因此有

$$
\begin{cases}
P = V \cdot I \\
\dfrac{\mathrm{d}P}{\mathrm{d}V} = I + V \cdot \dfrac{\mathrm{d}I}{\mathrm{d}V} = 0 \\
\dfrac{\mathrm{d}I}{\mathrm{d}V} = -\dfrac{I}{V}
\end{cases}
\tag{7-4}
$$

式（7-4）即要达到最大功率点的条件，即当输出电导的变化量等于输出电导的负值时，太阳能光伏阵列工作于最大功率点。电导增量法跟踪准确性最高，可以使系统在快速变化的环境下具有良好的跟踪性能。在辐照度和温度变化时，太阳能光伏阵列的输出电压能平稳地追随环境变化，输出电压摆动小。但电导增量法的算法实现比较复杂，对微处理器的要求相对较高。

以上是目前广泛使用的 4 种最大功率点跟踪方法，其中电导增量法以优良的跟踪性能最受青睐。除此之外，还有间接扫描法、滞环比较法、基于最优梯度法、模糊控制法以及遗传算法等方法。

7.6　太阳能庭院灯的设计安装

太阳能庭院灯是独立太阳能光伏系统的一个应用实例，基本结构由太阳能电池组件、组件支架、光源、电控箱（内装控制器、蓄电池）、灯杆（含灯具）等五部分组成。

1. 系统设计所需的数据

（1）太阳能庭院灯使用经度与纬度。通过地理位置可以了解并掌握设备使用地的气象资源，如月（年）平均太阳能辐照情况、平均气温、风力资源等，根据这些条件可以确定

当地的太阳能标准峰值时数（h）和太阳能电池组件的倾斜角与方位角。

（2）太阳能庭院灯所选用光源的功率（W）。光源功率的大小直接影响整个系统的参数。

（3）太阳能庭院灯每天晚上工作的时间（H）。这是决定太阳能庭院灯系统中组件大小的核心参数，通过确定工作时间，可以初步计算负载每天的功耗和与之相应的太阳能电池组件的充电电流。

（4）太阳能庭院灯需要保持的连续阴雨天数（d）。这个参数决定了蓄电池容量的大小及阴雨天过后恢复电池容量所需要的太阳能电池组件的功率。

（5）两个连续阴雨天之间的间隔天数 D。这是决定系统在一个连续阴雨天过后充满蓄电池所需要的电池组件功率。

2. 系统设计参数的确定

以某高校药物园的太阳能灯安装为例介绍系统参数的确定方法。设需要光源功率为 20W，工作电压为 12V 直流电，要求灯每天工作 10h，保证连续 7 个阴雨天能正常工作，两个连续的阴雨天间隔 20 天。根据资料，当地标准峰值时数约 4h。

（1）计算负载日耗电量。

$$Q=WH/U=20\times10\div12=16.7（A\cdot h）$$

式中，U 为系统蓄电池标称电压。

（2）蓄电池容量的确定。

满足连续 7 个阴雨天正常工作的电池容量 C 为

$$C=Q\times(d+1)\div0.75\times1.1=16.7\times8\div0.75\times1.1=196（A\cdot h）（取 200A\cdot h）$$

式中，0.75 为蓄电池放电深度；1.1 为蓄电池安全系数。

（3）满足负载日用电的太阳电池组件的充电电流为

$$I_1=Q\times1.05/10/0.85/0.9=2.3（A）$$

式中，1.05 为太阳能充电综合损失系数；0.85 为蓄电池充电效率；0.9 为控制器效率。

（4）连续阴雨天过后需要恢复蓄电池容量的太阳电池组件充电电流为

$$I_2=C\times0.75/h/D=200\times0.75/4/20=1.9（A）$$

式中，0.75 为蓄电池放电深度；4 为当地标准峰值时数。

（5）太阳电池组件的功率：

$$(I_1+I_2)\times18=(2.3+1.9)\times18=76（W）$$

式中，18 为太阳电池组件工作电压。

可以选取两块峰值功率为 40Wp 的太阳能电池组件。太阳能电池组件的电压会随着温度的升高而降低，由于高温的影响，电池组件的电压损失约 2V，而充电过程中，控制器上的二极管压降为 0.7V，所以选择工作电压为 18V 的组件。由于太阳能灯的特殊性，太阳能电池板一般安装在灯杆上，对于路灯杆而言，一般重心较高，而且大部分太阳能电池板都是悬挂式，为增强整套设备的抗风力，一般选择多块太阳能电池板组成所需要的组件。

3. 系统定期检查

定期检查可使系统在故障发生前，就能排除隐患。应该做的检查包括以下五项：①检查系统中所有连接的紧密度、牢固性。电池的连接应清洁，用抗腐蚀剂密封。②检查系统中蓄电池电解液水平，如果需要，就加入纯净（蒸馏）水，但不要加得太满。应每年检测一次每个电池的标称比重。标称比重是电池充电状态的反映，但如果电解液分层，测量会有误差。应检查电池中不同层的标称重量，确定电解液是否分层。如果电解液分层，就要对电池充分充电以混合电解液。如果电解液的标称比重比别的电池差 0.05，就意味着这个电池需要进一步检测，来确定是否需要更换。③在有负载的情况下，检查每一个电池电压，把这些电压与所有电池电压的平均值相对比。如果一个电池与其他电池相差 0.05V，则可能发生问题，应进一步检测该电池的性能，确定是否需要替换。④检查系统走线。如果有导线裸漏出来，要查找破裂处，检查绝缘性，检查所有接线盒的接入和接出点，检查绝缘处有无破裂。根据需要更换导线，而不能依靠绝缘胶带起长期绝缘的作用。⑤检查所有导线盒是否关闭（封闭），有无水的破坏和腐蚀。如果电子元件是安装在接线盒中，检查盒中通风状况，更换或清理空气过滤器。如果已经知道出了问题，通过测试和分析结果就可确定其位置。一些基本测试用到电压表、电流表、钳子、螺丝刀和可调扳手等。在检修时，要求戴手套、防护镜，穿上胶鞋，做好防护。

7.7　LED 太阳能草坪灯的设计安装

1. LED 太阳能草坪灯简介

LED 太阳能草坪灯是一种集节能环保、照明与美化环境为一体的新型的绿色能源景观照明灯具，广泛适用于公园草坪、花园别墅、广场绿地、旅游景点、度假村、高尔夫球场、企业工厂绿地亮化美化、住宅小区绿地照明、各种绿化带等的景观点缀、景观照明。太阳能系列草坪灯主要用来亮化、点缀、照明，草坪灯功率小，主要以装饰为目的，对可移动性要求高，电路铺设困难，适用于防水要求高的场地。LED 太阳能草坪灯是一个小型的太阳能供电系统，它的结构非常简单，主要由太阳能电池板、充放电控制器、蓄电池、照明电路和灯杆等部分组成。

2. 太阳能草坪灯的控制原理

太阳能草坪灯（图 7-9）的控制器主要用于蓄电池充放电的控制。图 7-10 给出了最基本的充放电控制器原理图。在图 7-10 中，由光伏电池板、蓄电池、太阳能控制器和负载组成了一个基本的光伏应用系统。这里的开关 K_1 和 K_3 为充电开关，K_2 为放电开关，它们均属于太阳能控制核心的一部分。图中开关的开合由控制电路根据系统的充放电状态来决定。当蓄电池充满电时断开充电开关，需要充电时闭合充电开关；当蓄电池放电时闭合 K_2，否则断开。而这些控制电路可以采用由三极管、电阻、电容、电感构成的电压比较升压充放电电路，也可以采用光控电路，或者采用集成运算放大器构成的电压滞回比较器，还可以采用单片机控制。鉴于对成本的考虑，一般采用分立元件电路实现。

图 7-9　常见的 LED 太阳能草坪灯

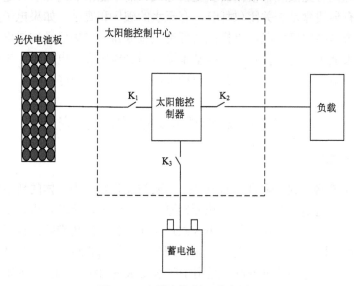

图 7-10　充放电控制器基本原理

充放电控制器具有以下几种充放电保护模式。

(1)直充保护点电压。直充也称为急充，属于快速充电，一般都是在蓄电池电压较低的时候用大电流和相对高电压对蓄电池充电，但是有一个控制点，也称为保护点，当充电时蓄电池端电压高于该保护值时，应停止直充。直充保护点电压一般也是过充保护点电压，充电时蓄电池端电压不能高于这个保护点，否则会造成过充电，对蓄电池造成损害。

(2)均充控制点电压。直充结束后，蓄电池一般会被充放电控制器静置一段时间，让其电压自然下降，当下降到恢复电压值时，会进入均充状态。设计均充的原因是，当直充完毕之后，可能会有个别电池落后(端电压相对偏低)，为了使所有的电池端电压具有一致性，就要以高电压配以适中的电流再进行短时间充电，即所谓均充，也就是均衡充电。均充时间不宜过长，一般为几分钟到十几分钟，时间设定太长反而损害电池。对配备一两块蓄电池的小型系统而言，均充意义不大。

(3) 浮充控制点电压。一般均充完毕后，蓄电池也被静置一段时间，使其端电压自然下降，当下降至维护电压点时，就进入浮充状态，目前均采用 PWM 方式，类似于涓流充电(即小电流充电)。PWM 方式是一种非常科学的充电管理制度，在蓄电池充电后期，电池的剩余电容量＞80%时，减小充电电流，以防止因过充电而过多释气(氧气、氢气和酸气)。同时，电池内部温度对充放电和电池寿命的影响很大，PWM 方式在稳定蓄电池端电压的同时，通过调节脉冲宽度来减小蓄电池充电电流，可以有效避免电池内部温度持续升高，对蓄电池来说很有好处。

(4) 过放电保护终止电压。蓄电池放电不能低于终止电压，针对不同型号的蓄电池具体参数有详细的国标规定。虽然蓄电池厂家也有自己的保护参数(称为企业标准或行业标准)，但应向国标靠拢。

3. 太阳能草坪灯充放电控制器的设计

充电控制器作为光伏电池和蓄电池的接口电路，一般都希望让其工作在最大功率点，以实现更高的效率，但是在实现最大功率点跟踪的同时，还需要进行蓄电池充电控制。目前常用的主电路拓扑主要有降压型电路(Buck)变换器、升压型电路(Boost)变换器、丘克电路(Cuk)变换器等。一般光伏电池的输出电压波动较大，而 Buck 变换器或 Boost 变换器只能进行降压或升压变换，受此影响，光伏电池不能在大范围内完全工作于最大功率点，从而造成系统效率下降。同时，Buck 变换器输入电流纹波较大，如果输入端不加储能电容就会使系统工作在断续状态下，从而导致光伏电池输出电流时断时续，不能处于最佳工作状态；而 Boost 变换器输出电流纹波较大，用此电流对蓄电池进行充电，不利于延长蓄电池的使用寿命；Cuk 变换器同时具有升压和降压功能，将 Cuk 变换器应用于光伏系统充电控制器中，可以在较大范围内实现最大功率点跟踪，有利于系统效率的提高。因此，常选用 Cuk 变换器作为充电控制器的主电路，其系统拓扑结构如图 7-11 所示。

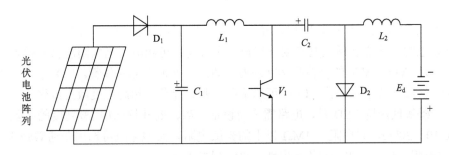

图 7-11　Cuk 充电控制器主电路

Cuk 变换器在负载电流连续的情况下，其电路的稳态过程如下。

(1) 开关管 V_1 截止期间。此期间开关管 V_1 截止，二极管 D_2 正偏而导通，电源和 L_1 的释能电流 i_{L1} 向 C_2 充电，同时 L_2 的释能电流 i_{L2} 维持负载，如图 7-12 (a) 所示。

（2）开关管 V_1 导通期间。此期间开关管 V_1 导通，电容 C_2 上的电压使二极管 D_2 反偏而截止，这时输入电流 i_{L1} 使 L_1 储能；C_2 的放电电流 i_{L2} 使 L_2 储能，并给负载供电，如图 7-12（b）所示。

因此，V_1 截止期间 C_2 充电，V_1 导通期间 C_2 向负载放电，C_2 起能量传递的作用。

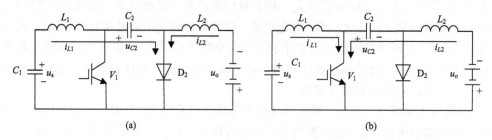

图 7-12　Cuk 变换器连续工作模式的等效电路图

4. 太阳能草坪灯的电路原理

太阳能草坪灯的电路原理（图 7-13）比较简单。下面具体介绍一种简单的太阳能草坪灯的电路原理，它的控制器采用升压电路来实现。

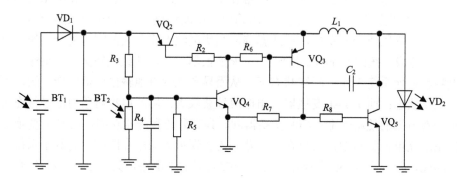

图 7-13　一种简单的太阳能草坪灯的电路原理图

选用 3.8V/80mA 太阳能电池板，单晶硅为最好，多晶硅次之；选用两节 1.2V/600mA 的 Ni-Cd 电池，若需要增大发光度或延长工作时间，可相应提高太阳能极板数量及电池功率。VQ_2、VQ_3、VQ_5 的 β 值在 200 左右，VQ_4 需 β 值大的晶体管。VD_1 尽量选管压低的，如锗管或肖特基二极管。LED 可选用白、蓝、绿色，超高亮度散光或聚光。当选用红、黄、橙等低压降 LED 时，电路需重新设定。R_3、R_5 建议选用 1% 精度的电阻；R_4 用亮阻在 10~20kΩ，暗电阻在 1MΩ 以上的光敏电阻。其他电阻可选用普通碳膜 1/4W 或 1/8W 的电阻。L_1 用 1/4W 的色环电感，直流阻抗要小。

该电路的工作原理：白天有太阳光时，由 BT_1 把光能转换为电能，由 VD_1 对 BT_2 充电，由于有光照，光敏电阻呈低阻，VQ_4 的基极为低电平而截止。当晚上无光照时，光敏电阻呈高阻，VQ_4 导通，VQ_2 的基极为低电平也导通，由 VQ_3、VQ_5、C_2、R_6、L_1 组成的 DC 升压电路工作，LED 得电发光。

DC 升压电路的核心就是一个互补管振荡电路，其工作过程为：VQ_2 导通时电源通过 L_1、R_6、VQ_4 向 C_2 充电，由于 C_2 两端电压不能突变，VQ_3 的 b 极为高电平，VQ_3 不导通，随着 C_2 的充电，其压降越来越高，VQ_3 的 b 极电位越来越低，当低至 VQ_3 导通电压时，VQ_3 导通，VQ_5 相继导通，C_2 通过 VQ_5 的 ce 结、电源、VQ_3 的 eb 结（由于 VQ_2 导通，假设其 ec 结短路，VQ_3 的 e 极直接接电源正极）放电。当放完电后，VQ_3 截止，VQ_5 截止，电源再次向 C_2 充电，之后 VQ_3 导通，VQ_5 导通，C_2 放电，如此反复，电路形成振荡，在振荡过程中，VQ_5 导通时电源经 L_1 和 VQ_5 的 ce 结到地，L_1 储能，VQ_5 截止时 L_1 产生感应电动势，和电源叠加后驱动 LED 发光。可以提高电池电压直接驱动 LED，以提高效率，但电池电压提高，相应的太阳能电池价格也大幅提高。当白天充电不够时（如遇上阴雨天等），可能发生过放电，这样会损坏电池，为此增加 R_5 构成过放电保护，当电池电压降至 2V 时，由于 R_5 的分压使 VQ_4 基极电位低于导通电压，从而保护电池。增大 R_5 会影响 VQ_4 的导通深度。

5. 太阳能草坪灯系统组合中的几个问题

（1）光敏传感器。太阳能草坪灯需要光控开关，设计者往往会用光敏电阻来实现自动开关灯的功能。实际上太阳能电池本身就是一个极好的光敏传感器，用它作为光敏开关，特性比光敏电阻好。对于仅仅使用一只 1.2V 的 Ni-Cd 电池的太阳能草坪灯来说，太阳能电池组件由 4 片太阳能电池串联组成，电压低，弱光下电压更低，以至天没有黑，电压已经低于 0.7V，造成光控开关失灵。在这种情况下，只要加一只晶体管直接耦合放大，即可解决问题。

（2）按蓄电池电压高低控制负载大小。太阳能草坪灯往往对连续阴雨天可维持时间要求很高，这就会增加系统成本。在连续阴雨天，蓄电池电压降低时减少 LED 的接入个数，或者减少太阳能草坪灯每天的发光时间，这样就能降低成本。

（3）太阳能电池的封装形式。目前，太阳能电池主要有层压和滴胶两种封装形式。层压工艺可以保证太阳能电池工作寿命为 25 年以上，滴胶虽然当时美观，但是太阳能电池工作寿命仅仅为 1～2 年。因此，1W 以下的小功率太阳能草坪灯，在没有过高寿命要求的情况下，可以使用滴胶封装形式，对于使用年限有规定的太阳能草坪灯，建议使用层压的封装形式。

（4）闪烁变光。渐亮渐暗是节能的好办法，一方面可以增加太阳能草坪照射效果，另一方面可以通过改变闪烁占空比来控制蓄电池的平均输出电流，延长系统的工作时间，或者在同等条件下，可减小太阳能电池的功率，降低成本。

（5）三色基色高效节能灯的开关速度。开关速度非常重要，它在一定程度上决定太阳能草坪灯的使用寿命，三色基色高效节能灯启动时有高达 10～20 倍的启动电流，系统在承受这样大的电流的情况下电压可能有大幅度下降，导致太阳能草坪灯无法启动或者反复启动，直至损坏。

（6）升压电路效率的提高及对 LED 灯的影响。小功率太阳能草坪灯一般都有升压电路，如果采用振荡电路，电感升压。电感采用标准色码电感器，标准色码电感器中使用开放磁路，磁通损失大，所以电路效率低。如果采用闭合磁路制造电感升压，如磁环，升压电路的效率将有很大提高。LED 的特性接近稳压二极管，工作电压变化 0.1V，工作电流可能变化 20mA 左右。为了安全，普通情况下使用串联电阻限流，但这种方法会产生较大的能量损失。一般 LED 的峰值电流为 50～100mA，升压电路峰值电压过高时很可能超过这限制，损坏 LED。

7.8　光伏建筑一体化

光伏建筑一体化，即 BIPV（building integrated photovoltaics），也称为太阳能光伏建筑一体化或光电建筑一体化，指的是把光伏发电系统安装在现有的建筑物上，或者把光伏发电系统与新的建筑物同时设计、施工、安装，既能满足光伏发电的功能，又与建筑物友好结合，甚至提升建筑物的美感，如应用于屋顶、公共交通的车站棚等。光伏建筑一体化有如下几种形式：①一体化设计。设计的内容应包括建筑和光伏系统，也应包括其他需要的器件和结构，并把建筑物的墙体和房顶分解为结构模块一体化。②一体化制造。建立专用的生产线，并用该生产线，对设计好的建筑结构模块，进行大规模、高效率、低成本的制造。③一体化安装。用电动吊装设备，把生产出的结构模块，集中安装成房屋。其中，屋顶太阳能光电建筑应用较为广泛，其主要特点是：可以调节太阳能电池板与太阳光之间的朝向，我国地处北半球，太阳能电池板要朝南，因此光伏幕墙有一定的局限性。

1. 光伏建筑一体化的优势

（1）能够满足建筑美学和采光要求。BIPV 首先是一个建筑，可通过相关设计将接线盒、旁路二极管、连接线等隐藏在幕墙结构中。这样既可防止阳光直射和雨水侵蚀，又不会影响建筑物的外观效果，达到与建筑物的完美结合。BIPV 采用光面超白钢化玻璃制作的双面玻璃组件，能够通过调整电池片的排布或采用穿孔硅电池片来达到特定的透光率，即使在大楼的观光处也能满足光线通透的要求。光伏组件透光率越大，电池片的排布就越稀，其发电功率也会越小。

（2）建筑的安全性能高。BIPV 组件不仅需要满足光伏组件的性能要求，同时要满足建筑物的安全性能要求，因此需要有比普通组件更高的力学性能以及采用不同的结构方式。在不同的地点、不同的楼层高度、不同的安装方式，对它的玻璃力学性能要求就可能是完全不同的。BIPV 建筑中使用的双玻璃光伏组件采用两片钢化玻璃，中间用 PVB 胶片复合太阳电池片组成复合层，电池片之间由导线串联、并联汇集引线端。组件中间的 PVB 胶片有良好的黏结性、韧性和弹性，具有吸收冲击的作用，可防止冲击物穿透，即使玻璃破损，碎片也会牢牢黏附在 PVB 胶片上，不会脱落而四散伤人，从而使可能产生的伤害降到最低程度，提高建筑物的安全性能。

（3）建筑节约能源。有效利用建筑外围表面（屋顶和墙面），省去支撑结构，节省土地资源，可原地发电、原地使用，节约送电网投资和减少损耗；避免墙面温度和屋顶温度过高，改善室内环境，降低空调负荷。BIPV 建筑是光伏组件与玻璃幕墙的紧密结合。构件式幕墙施工手段灵活，主体结构适应能力强，工艺成熟，单元式幕墙在工厂内加工制作，易实现工业化生产，降低了人工费用，控制了单元质量，从而缩短了施工周期。双层通风幕墙系统具有通风换气、隔热隔声、节能环保等优点，并能够改善 BIPV 组件的散热情况，降低电池温度，减少组件的效率损失，降低热量向室内的传递。BIPV 建筑简单来说，就是用 BIPV 光伏组件取代普通钢化玻璃，既是建筑材料，又是供电系统。

(4)光伏组件寿命长。普通光伏组件封装用的胶一般为 EVA。由于 EVA 的抗老化性能不强、使用寿命达不到 50 年，不能与建筑同寿命，而且 EVA 发黄将会影响建筑的美观和系统的发电量。而 PVB 膜具有透明、耐热、耐寒、耐湿、机械强度高等特性，并已经成熟应用于建筑用夹层玻璃的制作。国内玻璃幕墙规范也明确提出"应用 PVB"的规定。BIPV 光伏组件采用 PVB 代替 EVA 制作，能达到更长的使用寿命。此外，在 BIPV 系统中，选用光伏专用电线(双层交联聚乙烯浸锡铜线)，选用偏大的电线直径，以及性能优异的连接器等设备，都能延长 BIPV 光伏系统的使用寿命。

2. 光伏建筑一体化的几种形式

从光伏方阵与建筑墙面、屋顶的结合来看，主要有屋顶光伏电站和墙面光伏电站。而从光伏组件与建筑的集成来讲，主要包括光电幕墙、光电采光顶、光电遮阳板等形式。目前，光伏建筑一体化的几种主要形式见表 7-1。

表 7-1　光伏建筑一体化的几种主要形式

序号	BIPV 形式	光伏组件	建筑要求	类型
1	光电采光顶(天窗)	光伏玻璃组件	建筑效果、结构强度、采光、遮风挡雨	集成
2	光电屋顶	光伏屋面瓦	建筑效果、结构强度、遮风挡雨	集成
3	光电幕墙(透明幕墙)	光伏玻璃组件(透明)	建筑效果、结构强度、采光、遮风挡雨	集成
4	光电幕墙(非透明幕墙)	光伏玻璃组件(非透明)	建筑效果、结构强度、遮风挡雨	集成
5	光电遮阳板(有采光要求)	光伏玻璃组件(透明)	建筑效果、结构强度、采光	集成
6	光电遮阳板(无采光要求)	光伏玻璃组件(非透明)	建筑效果、结构强度	集成
7	屋顶光伏方阵	普通光伏组件	建筑效果	结合
8	墙面光伏方阵	普通光伏组件	建筑效果	结合

3. 建筑一体化对电池组件的要求

在建筑光伏一体化设计中，对于建筑不同部位选用不同光伏电池的原则如下。

(1)多晶薄膜、非晶硅薄膜电池在建筑一体化设计中比较有优势。与晶体硅电池相比，多晶薄膜、非晶硅薄膜电池对散射光、折射光、直射光等各种光源都有良好的吸收作用，输出电流稳定，光电转换时间长。宜采用与建筑屋面、墙面、玻璃幕墙相结合的多晶薄膜、非晶硅薄膜电池。

(2)根据建筑要求确定合适的玻璃性能(如采光)及结构(如夹层、中空、异型)。

(3)根据抗风等要求确定玻璃的强度要求(钢化、厚度)。

(4)应根据电池的特性选用面板玻璃，考虑透光性能、厚度、强度、平整度等。在夹胶生产工艺方面，应选用专用的胶片，并在组件边缘采用专用密封胶密封。在弯曲成形方面，应注意电池的弯曲能力。在电池焊接、连接、合片、引出线等工艺设计中，要重点关注成品率。

(5)组件的安装与使用问题。光伏幕墙组件在设计中应把安装方式作为重点之一。这其中包括组件固定方式，光伏幕墙的水密性，安装、使用中的损坏问题，光伏组件背后的散热问题等。

(6)在设计中还应充分考虑光伏幕墙的建筑使用要求和在寿命期的一系列问题，包括与建筑外观的协调，透光性能，玻璃在夏季的升温问题及热炸裂问题，冬季玻璃构造的保温能力，光伏电池的效率衰减，光伏电池组件的使用寿命，组件的清洗、维护等。

光伏幕墙安装在建筑上，可能会出现被周围建筑遮挡的情况。如果部分太阳能电池被遮挡，被遮挡的电池把功率以热的方式耗尽，降低了整体发电效率。时间过长会导致发生故障，造成整个光伏电池组件损坏。因此，光伏幕墙应安装在日照最多、阴影最少的地方；并且尽量保证组件上部和下部的空气流通，以保持尽可能低的温度。在建筑密度较高的城市，建筑用光伏幕墙应结合建筑所在地的建筑现状和规划，采用计算或实验的方法对遮挡问题进行预测，尽量避免周边建筑对光伏幕墙的遮挡。若存在太阳光大面积被遮挡的情况，则不适宜安装光伏幕墙。

第8章 太阳能电池材料分析技术

8.1 表面形貌与微结构分析

1. 扫描电子显微镜

扫描电子显微镜是用以观察材料显微形貌最普遍的分析仪器，其具有以下特性。

(1)影像分辨率极高，目前最佳分辨率已达0.6nm。

(2)具有景深(depth of field)长的特点，可以清晰地观察起伏程度较大的样品的破断面。

(3)仪器操作容易方便，试片制备简易。

(4)多功能化且可加装附件，可作微区化学组成分析、阴极发光分析等。

图8-1为扫描电子显微镜的基本构造图。扫描电子显微镜是由电子枪(electron gun)发射电子束，经过一组聚光镜(condenser lens)聚焦，用孔径选择电子束的尺寸(beam size)后，通过一组控制电子束的扫描线圈，再透过物镜(objective lens)聚焦，打在试片上，在试片的上侧装有信号接收器，用以择取二次电子或背向散射电子而成像。

扫描电子显微镜的电子波长在1Å以下，具有较光学显微镜更佳的分辨率。由de Broglie关系式可知，电子受高压加速时，其波长与加速电压有如下关系：

$$\lambda = 12.26 / \sqrt{V} \text{ (Å)} \tag{8-1}$$

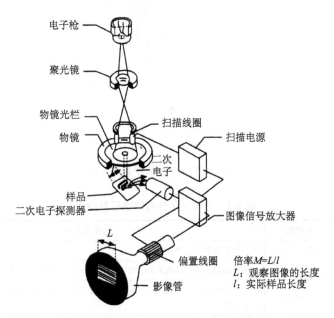

图8-1 扫描电子显微镜的基本构造图

电子枪为扫描电子显微镜的电子光源，主要考虑因素在于高亮度，光源区越小越好，以及高稳定度。目前电子的产生方式为：

(1)利用加热灯丝(阴极)放出电子。

(2)利用场发射效应产生电子，即由强电场吸出电子。

主要的电子枪材料包括钨灯丝与 LaB(硼化镧)两种，而利用场发射式的电子枪材料则有钨(310)及钨丝(100)镀一层氧化锗 ZrO/W(100)。考虑灯丝材料的熔点、气化压力、机械强度及其他因素后，目前最便宜的材料为钨丝。在特殊状况下，当要求更高亮度及稳定性时，使用场发射电子枪可获得更佳的分辨率，但真空度的要求也相对提高。

相较于下面说明的透射电子显微镜，扫描电子显微镜样品的制备是相当容易的。扫描电子显微镜所使用的样品必须是导电体，因此对金属样品的研究，无须特殊处理即可直接观察；非导体如矿物、聚合物等，则须镀上一层导电性良好的金属膜或碳膜再做观察。蒸镀常用真空蒸镀机(vacuum sputter)及真空镀碳机(vacuum carbon evaporator)进行。

如图 8-2 所示，电子显微镜主要是利用高电压加速电子，使得电子打在试片上产生如穿透电子(transmitted electrons，TE)、吸收电子(absorbed electrons，AE)、散射电子、二次电子(secondary electrons，SE)、背向散射电子(backscattered electrons，BE)、俄歇电子(auger electrons，AE)以及 X 射线等，各类信号具有不同的特性与分析应用，表 8-1 列出了其中的二次电子、背向散射电子、穿透电子、吸收电子和 X 射线等电子信号的性质及特点。

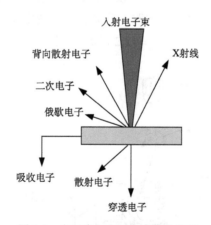

图 8-2　电子束打在试片上产生信号

表 8-1　各种电子信号的性质及特点

电子种类	分辨率	性质及特点
二次电子	10～25nm	适合样品表面的立体观察
背向散射电子	～200nm	可由样品的成分差异而对比，适用于表面元素分布情形的观察
穿透电子	5～10nm	本质上与透射电子显微镜相同，不过扫描电子显微镜对较厚的样品也能得到理想的影像对比
吸收电子	300～500nm	可观察原子序数的差异情形，在半导体的研究上占重要的地位
X 射线		由样品的原子序数大小，可决定 X 射线的波长，而作为样品定性与定量分析的研究

二次电子是指当高能量的电子照射固态样品时,入射电子与试片原子发生交互作用,部分试片电子的价电子因而受到激发并脱离试片,散射出来的电子能量低于 50eV。只有试片表面 5~50nm 深度的电子可以逃离试片,因此逃离的电子数目与深度成反比,所以侦测二次电子即可得知试片表面形貌。

当然,入射电子不是只与电子产生交互作用,也会与原子核产生交互作用,产生弹性碰撞,这种情况下散射电子能量几乎不会散失,称为背向散射电子。因为这种弹性碰撞的电子与原子核的大小有关,因此电子显微镜也可以侦测表面元素的分布情形。

扫描电子显微镜目前广泛地应用在各种电子、金属、陶瓷、半导体或光电太阳能材料等领域的材料表面形貌与微结构的观察,可以了解材料表面或内部的晶粒尺寸、孔隙或二次相等。以下是扫描电子显微镜用于观测硅薄膜太阳能电池用的微晶硅薄膜。图 8-3 为微晶硅薄膜的扫描电子显微镜断面图,其制备条件为室温下,射频功率为 900W,氢气/硅烷流量比比例($R=H_2/SiH_4$)分别为 15 及 25 时,以高密度等离子体化学气相沉积(high density plasma chemical vapor deposition,HDPCVD)系统制备。实测结果显示,在不同的氢气/硅烷比例下,皆能观察到微晶硅的柱状晶体结构,当氢气/硅烷比例较高时,其柱状晶体结构更明显。

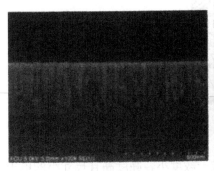 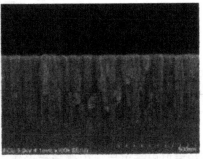

(a) 氢气/硅烷流量比为15　　　　　　(b) 氢气/硅烷流量比为25

图 8-3 微晶硅薄膜的扫描电子显微镜断面图

2. 透射电子显微镜

透射电子显微镜是能同时解析材料形貌、晶体结构和组成成分的分析仪器,也是在实验进行中,唯一能看到分析物的实像和判断观察晶相的设备。目前一般用于分析无机材料的透射电子显微镜,以 2×10^5 V 电压为主,其分辨率为 0.1~0.3nm,用于分析数十纳米乃至数纳米的结构体。

1)基本构造与工作原理

透射电子显微镜的仪器系统可分为四部分,如图 8-4 所示。

(1)电子枪:分为钨丝、LaB、场发射式三种(与扫描电子显微镜相似)。三种电子源的亮度比大致为钨丝:LaB:场发射枪=1:10:10,故场发射源为最佳的电子源。

(2)电磁透镜系统包括聚光镜、物镜、中间镜(intermediate len)和投影镜(projective len)。

(3)试片室:试片基座(specimen holder)可分侧面置入(side entry)和上方置入(top

entry)两类，若需做原位实验，则依需要配备可加热、可冷却、可加电压或电流、可施应力或可变换工作气氛的特殊设计基座。

　　(4)影像侦测及记录系统：ZnS/CdS 涂布的荧光幕或照相底片。目前，仪器大多配备有 CCD(charge coupled device)系统，以取代旧式照相底片，影像可直接输出。

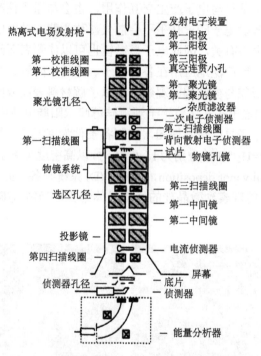

图 8-4　透射电子显微镜剖面图

　　电子枪发射电子束后，由聚光镜聚焦成一散度小、亮度高且尺寸小的电子束。电子束穿透试片后，经过物镜、中间镜、投影镜的放大、聚焦等作用，最后在荧光屏上成像；其中在物镜的下方有两组孔镜，第一组为物镜孔镜，用来圈选穿透束或某一绕射束来成为明视野(bright field image，BFI)或暗视野(dark field image，DFI)，第二组为选区衍射(selected area diffraction，SAD)孔镜，用来产生衍射图形。

　　透射电子显微镜的成像原理与光学显微镜相似，但电子束具有比可见光更短的波长。因此与光学显微镜相比，透射电子显微镜有极高的穿透能力及高分辨率。根据电子与物质作用产生的信号来看，透射电子显微镜主要分析的信号为利用穿透电子或是弹性散射电子(elastic scattering electron)成像，其电子衍射(diffraction pattern，DP)图可做精细组织和晶体结构分析。

　　透射电子显微镜的分辨率主要与电子的加速电压和像差有关。加速电压越高，波长越短，分辨率也越佳。

　　透射电子显微镜分析时，通常是利用电子成像的衍射对比(diffraction contrast)，得到明视野或暗视野影像，并配合衍射图来进行观察。

　　(1)明视野成像是由物镜孔径挡住衍射电子束，仅让直射电子束通过成像，如图

8-5(a)所示。

(2)暗视野成像则由物镜孔径挡住直射电子束，仅让衍射电子束通过成像，如图 8-5(b)所示。

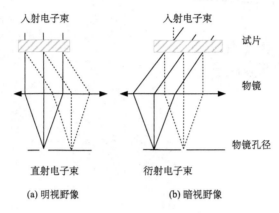

图 8-5　透射电子显微镜分析中明视野及暗视野的成像示意图

双电子束衍射状况(two-beam(2B)diffraction condition)常用于配合衍射图样来进行一般的影像观察。针对特殊的材料结构或缺陷，通常试片座会配备倾斜(tilting stage)的功能，可以做成微弱电子束衍射状态(weak beam(WB)diffraction condition)或多重电子束衍射状态(multi-beam(MB)diffraction condition)，来改善成像的质量或加强对比。此外，如搭配具有冷却、加热或可变电性的基座，还可以实时观测材料结构的变化。

2)应用实例

透射电子显微镜在材料科学研究领域广泛应用，其优点如下。

(1)在表面观察上有敏锐的分辨力，精确分析材料成分。

(2)可做高解析的晶格影像观察，了解结晶状态与质量。

(3)由电子衍射图的分析可计算出晶格结构，有助于判断材料是否正确排列或匹配。

(4)搭配不同的试片基座可以实现不同的分析功能。

上述的功能仅是现代透射电子显微镜的基本功能。添加不同附属设备的透射电子显微镜，还可以实现许多特殊分析。

电子能量损失谱仪(electron energy loss spectrometer，EELS)是另一种分析成分的附属设备，其能量分辨率最小可至 0.5eV，因此加装电子能量损失谱仪的透射电子显微镜除了可以分析成分外，也可以分析某一元素经过晶界或相界时，其键合的改变。

透射电子显微镜常用于精确判断太阳能电池材料的非晶、微晶或单晶的状态。以下实例为透射电子显微镜用于观测硅薄膜太阳能电池的微晶硅薄膜。

图 8-6 为微晶硅薄膜的择区衍射图及断面图，其制备条件为衬底温度 300℃，射频功率 900W，氢气/硅烷比例($R=H_2/SiH_4$)为 25 时，以高密度等离子体化学气相沉积系统制备。由择区衍射图可观察到图形由具有环状与点状的图形所构成，而断面图呈现长条状微晶硅结构。由此可知，此微晶硅薄膜内含有结晶硅与非晶硅的成分。

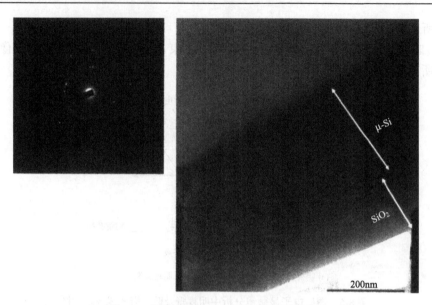

图 8-6　微晶硅薄膜的择区衍射图及断面图

3. 原子力显微镜

原子力显微镜由 Binnig 等于 1986 年发明,具有原子级解像能力,可应用于多种材料表面微观形态的检测。但目前原子力显微镜在科学上的应用已不仅局限于纳米尺度表面影像的测量,更广泛应用于各类光电材料微观的物性测量。

1)基本构造与工作原理

图 8-7 是原子力显微镜的结构示意图,其主要结构可分为探针、偏移量侦测器、扫描仪、回馈电路及计算机控制系统五部分。原子力显微镜的探针是由附在悬臂梁前端成分为 Si 或 Si_3N_4 的针尖及悬臂梁所组成的,针尖尖端直径为 20~100nm,通过针尖与试片间的原子作用力,使悬臂梁产生微细位移,以测得表面结构形状,其中最常用的距离控制方式为光束偏折技术。

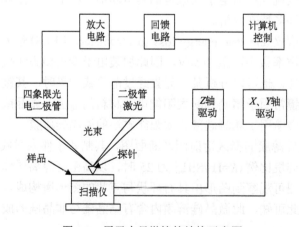

图 8-7　原子力显微镜的结构示意图

当探针尖端与样品表面接触时,由于悬臂梁的弹性系数与原子间的作用力常数相当,因此针尖原子与样品表面原子的作用力便会使探针在垂直方向移动,即样品表面的高低起伏使探针做上下偏移。通过调整探针与样品的距离,可在扫描过程中维持固定的原子力。扫描区域的等原子力图像,通常对应于样品的表面形貌,称为高度影像。目前,最常用的距离调整方式为光束偏折技术,其原理如下。

(1)由激光二极管产生的光束,聚焦在镀有金属薄膜的探针尖端背面,然后光束被反射至四象限光电二极管。

(2)经过放大电路转成电压信号后,垂直部分的两个电压信号相减得到差分信号。

(3)当计算机控制 X、Y 轴驱动器扫描样品时,探针会上下偏移,差分信号也随之改变。

(4)回馈电路控制 Z 轴驱动器调整探针与样品距离,此距离微调或其他信号送入计算机中,记录成为 X、Y 位置的函数,得到原子力显微镜影像。

原子力显微镜的操作模式分为三种,图 8-8 为这三种操作方法的示意图。

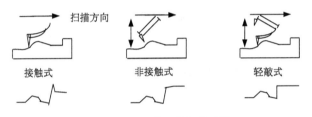

图 8-8　AFM 的三种扫描方法

(1)接触式:接触式操作探针与样品间的作用力是原子间的排斥力。由于排斥力对距离非常敏感,所以接触式原子力显微镜较容易得到原子分辨率。由于接触面积极小,过大的作用力会损坏样品表面,但较大的作用力易于得到较佳的分辨率。

(2)非接触式:为了解决接触式操作可能损坏样品的问题,从而发展出非接触式原子力显微镜,此方式利用了原子间的范德瓦耳斯力。范德瓦耳斯力对距离的变化不敏感,因此须使用调变技术来增强信噪比,以得到等作用力图像。真空环境下,其分辨率可达原子级,是原子力显微镜中分辨率最佳的操作模式。

(3)轻敲式:轻敲式原子力显微镜是非接触式的改良技术,其原理是将探针与样品距离拉近,然后增大振幅,使探针在振荡至波谷时接触样品,样品的表面高低起伏,使得振幅改变,再利用与非接触式类似的回馈控制方式,便能取得高清晰度影像。

2)应用实例

由于原子力显微镜具有原子级的分辨率,是各种薄膜粗糙度检测及微观表面结构研究的重要工具,因此很适合与扫描电子显微镜相搭配。

以下为原子力显微镜用于观测硅薄膜太阳能电池用的微晶硅薄膜的例子。图 8-9 为以高密度等离子体化学气相沉积系统制备的微晶硅薄膜的表面形貌图,其制备条件为射频功率 900W,氢气/硅烷比例($R=H_2/SiH_4$)为 10 与 20。薄膜表面存在明显的凸起颗粒,其均方根粗糙度分别为 8.29nm、3.39nm。Fejfar 等在文献中提到,当非晶结构与微晶结构混成时,粗糙度会在最高点,而随着微晶结构逐渐增加,粗糙度会下降。由此推断,在氢气/硅烷比例为 10 时，由于非晶结构上刚形成些许结晶，因而粗糙度变大，当氢气/硅烷比例为 20 时，微晶结构增加，所以粗糙度下降。

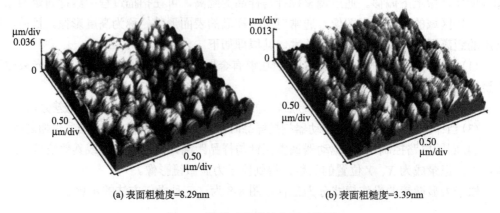

(a) 表面粗糙度=8.29nm　　　　　　　　　(b) 表面粗糙度=3.39nm

图 8-9　微晶硅薄膜的表面形貌图

8.2　晶体结构与成分分析

1. 能量色谱仪

用电子显微镜观察特定的显微组织时，可以进一步利用能量色谱仪，在数分钟时间内完成选区的定性或半定量化学成分分析。能量色谱仪相较于 X 射线波长散布分析仪的优点如下。

(1) 可同时快速侦测不同能量的 X 射线能谱。

(2) 仪器的设计较为简单，且接收信号角度大。

(3) 操作简易，不需做电子束的校准(alignment)及聚焦(focusing)。

(4) 所使用的一次电子束的电流较低，可得到较佳的空间分辨率，且不会损伤试片表面。

然而能量色谱仪有以下几项缺点。

(1) 侦测过程中产生额外能峰，易造成误判。

(2) 定量分析能力较差。

(3) 对轻元素的侦测能力较差。

(4) 侦测极限(>0.1%)及分辨率较差。

1) 基本构造与工作原理

图 8-10 所示为能量色谱仪的结构示意图。硅侦测器位于两块加了偏压的金属极板之间，在硅晶上加锂(Li)作为扩散层的表层。在液态氮 77K 及高真空度环境下，此硅晶成为半导体硅侦测器。当试片受电子束碰撞产生特征 X 射线(characteristic X-rays)时，X 射线经过一个薄层的铍窗而到达硅侦测器，由于离子化而产生电子-空穴对及相对应的电动势和电流。所产生的电流由场效晶体管计数和放大，最后由多频道分析器根据脉波的振

幅大小加以分离和储存,可得到 X 射线光谱的强度-能量图。其中 X 射线产生的原理简述如下。

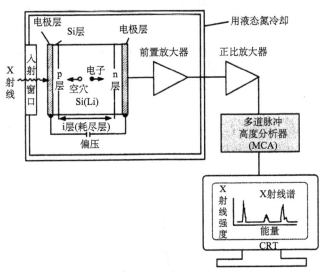

图 8-10　能量色谱仪的结构示意图

当原子内层的电子受到外来能量源(如电子束、离子束或者光源等)的激发而脱离原子时,原子外层的电子将很快地迁降至内层的空穴并释放出两能级差能量。被释出的能量可能以 X 射线的形式释出,或者此释出的能量将转而激发另一外层电子使其脱离原子,如图 8-11 所示。由于各元素的能级差不同,分析此 X 射线的能量或波长即可鉴定试片的晶体结构与成分。

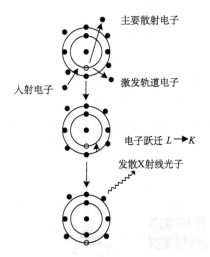

图 8-11　X 射线的形成示意图

2) 应用实例

能量色谱仪已成为普遍使用的电子显微镜附属分析仪器,用于材料所含元素的定性、半定量、面扫描、线扫描分析,两相合金元素的分布晶界分析,以及相的鉴定等方面的研究。举例来说,图 8-12 所示为高密度等离子体化学气相沉积系统于射频功率 600W、制备衬底温度 250℃的条件下,所得到的微晶硅锗薄膜的能量色谱分析图,其分析结果显示薄膜内的确含有硅、锗两种元素。

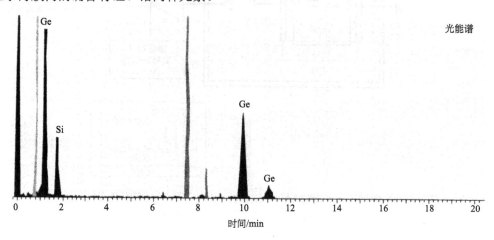

图 8-12　使用能量色谱分析探讨微晶硅锗薄膜的表面元素与半定量组成

2. X 射线衍射分析仪

X 射线为电磁波的一种,波长范围为 0.1～100nm。由于波长与晶体内原子间的距离相当,因此 X 射线会对晶体产生衍射。

1) 基本构造与工作原理

X 射线衍射分析仪的结构示意图如图 8-13 所示。该装置中,将待测晶体与 X 射线源固定,当入射 X 射线为包含波长大于最小 λ 值的连续 X 射线时,可使晶体的每个晶面皆产生衍射。由于待测试样不是一个单晶,而是含有许多微小晶体的粉末,具有许多方位散乱的小晶体,因此粉末试样的 θ 角为变数。当使用单一波长的 X 射线时,由于粉末晶体在空间中的方位是散乱的,所以这些衍射线将不会出现在同一方向上,而是沿着与入射线成 2θ 夹角的圆锥表面方向射出。

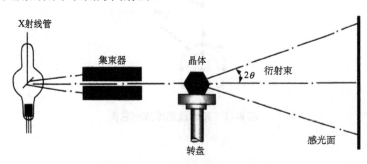

图 8-13　XRD 分析仪的结构示意图

以 X 射线底片记录便可以观察衍射光点影像，通过衍射图形确定材料的晶体结构。当试片为粉末状时，晶体在试片内的分布没有规则性，所有特定晶面的法线可指向三维空间中的任何方位，因此发生衍射的 X 射线会在底片上呈现环状图案，每一圆环对应着由某一特定晶面所产生的衍射。如果利用 X 射线检测器测量衍射强度，固定 X 射线光源方向，转动试片座以改变 X 射线入射角，并且同步转动 X 射线检测器，当入射角度符合布拉格衍射条件时，便可检测到对应特定晶面的 X 射线衍射信号。

布拉格定律(Bragg's law)的简单说明如下。

图 8-14(a)显示当一束平行的 X 射线以 θ 角投射到一个原子面上时，其中任意两个原子 A、B 的散射波在原子面反射方向上的光程差为

$$\delta = \overline{CB} - \overline{AD} = \overline{AB}\cos\theta - \overline{AB}\cos\theta = 0 \tag{8-2}$$

A、B 两原子散射波在原子面反射方向上的光程差为零，说明它们的相位相同。由于 A、B 是任意的，所以此原子面所有原子散射波在反射方向上的相位均相同。

图 8-14(b)所示为一束波长为 λ 的 X 射线以 θ 角投射到面间距为 d 的一束平行原子面上。从图上可以看出，经 P_1 和 P_2 两个原子面反射的反射波光程差为

$$\delta = \overline{CB} + \overline{BD} = 2d\sin\theta \tag{8-3}$$

相长干涉时，光程差为波长的整数倍：

$$2d\sin\theta = n\lambda \tag{8-4}$$

式中，n 为整数，称为反射级数；θ 为入射线或反射线与反射面的夹角，称为掠射角，2θ 称为衍射角。不同的晶体结构晶面间距 d 会有所差异，因此会有不同组合的衍射角。

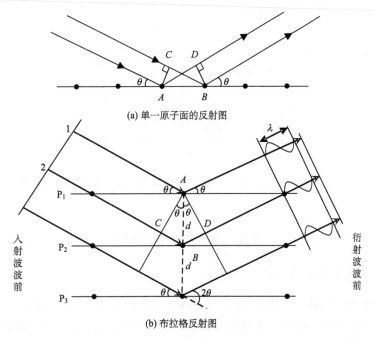

(a) 单一原子面的反射图

(b) 布拉格反射图

图 8-14　单一原子面和布拉格反射图

晶体的 X 射线衍射实验所测得的衍射角大小(2θ)和衍射峰的强度(I)，提供了晶体的晶胞形状与大小数据以及晶体内部组成原子的种类和位置数据。材料在发生 X 射线衍射时，不同结晶化合物会产生不同的(2θ，I)的组合，称为衍射图谱(diffraction patterns)。

由图谱信号对应的布拉格角与信号峰的相对强度，可以分析试片内材料的化学组成，此种 XRD 分析称为相鉴定(phase identification)。许多薄膜具有多晶结构，其晶粒的晶面往往呈现不规则分布，因此其 XRD 图谱也类似粉末试片。如果薄膜试片内某一晶面对应的衍射峰相对强度远高于粉末试片，则表示薄膜有此晶格方位的择优排列。

2)应用实例

X 射线衍射为非破坏式分析，可对材料进行原位(in situ)分析，获得接近材料原制造环境或使用状况下的分析结果。无论金属、半导体、陶瓷或高分子等材料，对于材料的结构与化学组成，特别是在晶体结构差异、晶格常数变化、元素种类不同、晶界及位错缺陷等状况下，都会因为原子排列不同而在 X 射线衍射实验中被反映出来。几乎所有的太阳能电池材料都会在做成器件前后进行 XRD 分析。图 8-15 为高密度等离子体化学气相沉积系统于 300℃、射频功率 600W，不同氢气/硅烷比例($R=H_2/SiH_4$)下制备的微晶硅薄膜的 X 射线衍射分析图。由图可知，氢气/硅烷比例为 10 的图形并无明显峰值表示薄膜为非晶结构。当氢气比例增加时，晶面(111)、(220)、(331)的峰值越来越明显，表明当氢气/硅烷比增加时，结晶硅比例增大。

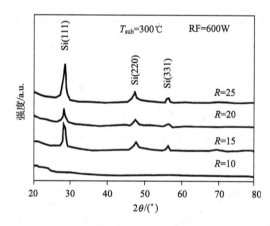

图 8-15　微晶硅薄膜于各种氢气/硅烷比例下的 X 射线衍射分析图

8.3　光学特性分析

1. 紫外线/可见光吸收光谱

可见光为一种电磁波，其范围波长为 4000～7600Å。透过棱镜可知可见光的组成颜色。紫外线也是一种电磁波，在电磁波谱中，其范围波长为 100～4000Å 的电磁波。

1)基本构造与工作原理

图 8-16 为紫外线/可见光吸收光谱仪示意图。利用可见光及紫外线灯管作为光源，

通过滤光镜调整色调后，经聚焦通过单色光分光棱镜，再经过狭缝选择波长，形成单一且特定波长的光线。未放样品时，光源直接与空气作用，可作为背景值。之后再放入试片，通过试片所吸收的光能量，与背景值相比较，便可测定样本中的待测物透光率，也可以将它转换为反射率或光吸收率。物质吸收紫外线或可见光后，其外层电子或价电子会被提升至激发态。一般紫外线/可见光吸收光谱侦测波长涵盖范围为 100~8000Å，有机物某些官能团(functional groups)含有较低能级的价电子，在此范围内会吸收能量，此类官能团称为发色团(chromophore)。

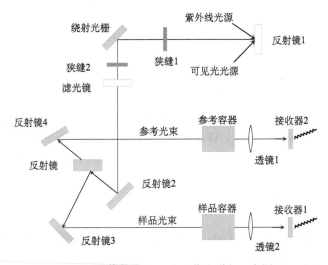

图 8-16　紫外线/可见光吸收光谱仪示意图

　　将不同波长的光连续地照射到待测材料样品上，当所照射的光波刚好可激发电子至较高能级的轨道时，该波长的光则会被吸收。样品吸收该波长的光之后，侦测器将侦测到一个能量较弱的光束，并记录其光束强度(I)。最后计算机以波长(λ)为横坐标，吸收强度(absorbance, A)为纵坐标，绘出该物质的吸收光谱曲线，利用该曲线可进行物质的定性、定量分析。

　　由 Lamber 定律可知，光的吸收量与所照射光的强度无关，而与透过吸收的路径长度 l 呈指数相关，即

$$I = I_0 e^{-\alpha l} \tag{8-5}$$

式中，α 为吸收系数(cm^{-1})；l 为吸收路径长度(cm)；I_0 为入射光强度；I 为出射光强度。图 8-17 表示了光入射至材料中被吸收的情况。大多数吸收光谱仪可直接测量 $\lg(I_0/I)$ 的值。透过光比例称为透光率(transmittance,T)，可由出射光和入射光的比值求得 (I/I_0)。

　　2) 应用实例

　　近年来，紫外线 / 可见光吸收光谱仪已广泛应用于物质的鉴定及结构分析，还可以用于测定物质的光吸收系数，具体应用如下。

　　(1) 通过测定某种物质吸收或发射光谱来确定该物质的组成。

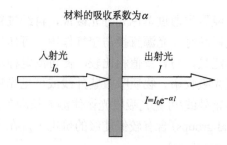

图 8-17　光入射到材料中被吸收的关系图

(2)通过测量适当波长的信号强度,确定某种单独存在或与其他物质混合存在的物质含量。

(3)通过测量同时间某一种反应物消失或产物出现的量的关系,追踪反应过程。

(4)通过探测材料的穿透度、光吸收系数,进一步知道材料的光学带隙。

图 8-18 为高密度等离子体化学气相沉积系统在射频功率 600W,微晶硅薄膜在各种氢气/硅烷比例($R=H_2/SiH_4$)下的 UV-visible 光谱图。由图中得知,该薄膜具有多波段的吸收,推断薄膜内有非晶硅与微晶硅晶粒的存在。而材料的光学带隙 E_{op} 可在得到吸收系数 α 后,代入式(8-6)。

$$\left(\alpha h\nu\right)^2 = c\left(h\nu - E_{op}\right) \tag{8-6}$$

式中,c 为常数;ν 为频率。取 $\left(\alpha h\nu\right)^2$ 对 $h\nu$ 作图,取图中线性段部分作切线交 $h\nu$ 轴,即可得到材料的光学带隙。

2. 傅里叶转换红外线光谱仪

红外光谱技术的演进已有相当长的历史。初期使用的是扫描式红外光谱,其光谱的分辨率和灵敏度受到很大限制。1881 年,迈克耳孙(Michelson)发明了干涉仪(Interferometer),利用干涉现象得到的光谱信号,经由傅里叶数学转换将干涉光谱(Interferogram)换成与传统红外光谱相同的频谱图(Frequency Domain Spectrum),使得上述缺点大有改进。

1)基本构造与工作原理

傅里叶转换红外线光谱仪主要的结构包括内置的稳定红外线光源、迈克耳孙干涉仪、反射镜片组、氦氖激光及侦测器等,内部设备的示意图如图 8-19 所示。

迈克耳孙干涉仪是整个傅里叶转换红外线光谱仪中光学系统的核心,如图 8-20 所示,其主要包含分光镜(beam splitter)、移动镜(moving mirror)、固定镜(fixed mirror)及侦测器。

当光线聚光后形成平行的光线通过分光镜,部分光线透过分光镜,抵达固定镜后反射回来。另一部分光线抵达移动镜反射回来后在分光镜处集合成一束光,通过样品后聚光于侦测器。移动镜来回移动,造成移动镜至分光镜与固定镜至分光镜的距离不同,故两光束再聚合时,因有光程差而产生相位差(phase difference),产生干涉现象。

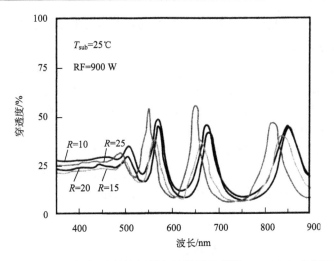

图 8-18　不同氢气/硅烷比例制备的微晶硅薄膜 UV-visible 光谱图

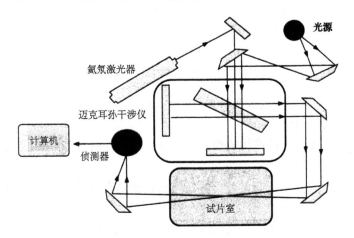

图 8-19　傅里叶转换红外线光谱仪内部设备的示意图

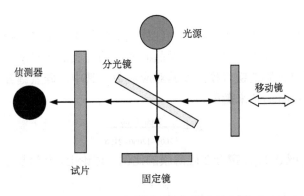

图 8-20　迈克耳孙干涉仪构造示意图

（1）当光程差为波长的整数倍时，即 $\delta = n\lambda$，其中 $n = 1, 2, 3$，则两合并光源便产生相长干涉（constructive interference）。

（2）当光程差为半波长的奇数倍时，即 $\delta = n\lambda / 2$，其中 $n = 1, 3, 5$，则产生相消干涉（destructive interference）。

辐射强度的变化是关于移动镜位置的函数，输出光源的频率通过迈克耳孙干涉仪调整。经由干涉作用的光源最后被传送到侦测器，以一种连续的电信号输出，即所谓的干涉光谱。通过计算机将这些干涉光谱进行傅里叶转换，进而得到实际测量的单一光束频谱（signal beam spectrum）。

整个辐射电磁波涵盖的范围非常广，光子所具有的能量也不同，对于不同能量，光子在与物质反应时则会有不同的跃迁情形。红外光是指波长在可见光和微波间的电磁波，其可区分为近红外线（near-infrared）、中红外线（middle-infrared）和远红外线（far-infrared），如表 8-2 所示。

表 8-2　红外光谱区

波段	波长(λ)/μm	波数(v)/cm^{-1}
近红外光	0.78～2.5	4000～12800
中红外光	2.5～50	200～4000
远红外光	50～1000	10～200

现今用于分析的主要为波数在 400～4000cm^{-1} 范围的中红外线区，其能量可产生振动能级与转动能级的跃迁。

（1）近红外光在鉴定上的应用较少，主要用于定量分析含有 C-H、N-H、O-H 官能团的化合物。

（2）中红外光吸收光谱可获得分子的几何结构和键合种类，同时可应用在物质成分的定量与定性分析上。

（3）远红外光主要应用于无机物的研究，可以提供晶体的晶格能和半导体物质跃迁能的信息。

2）应用实例

傅里叶转换红外线光谱分析的出现为红外光谱学带来了更多前瞻性的应用。目前，可利用傅里叶转换红外线光谱仪来分析微晶硅薄膜的硅氢键合形态及薄膜中的氢含量，表 8-3 所示为微晶硅薄膜的键合模式及其对应波数。其中，硅氢键合形态以微结构参数（microstructure parameter）R 来衡量。

$$R = \frac{I_{2000-21000}}{I_{2000-12060-2100}} \tag{8-7}$$

R 值表示 SiH$_2$ 或 (SiH$_2$)$_n$ 键合在硅薄膜的比例。理论上，R 值越小越好，实际应用中应小于 0.1。

其薄膜中的氢含量则可通过式（8-8）来计算：

$$I_{640} = \int_{-\infty}^{+\infty} \left[\frac{\alpha_{640}(\omega)}{\omega} \right] d\omega \tag{8-8}$$

式中，$\alpha_{640}(\omega)$ 是此模式中特定频率 ω 的吸收系数，氢含量 C_H 正比于 I_{640}，其值为

$$C_H = A_{640}I_{640} \tag{8-9}$$

A_{640} 为比例常数 $2.1 \times 10^{19}\text{cm}^{-2}$，具有良好质量的非晶硅薄膜，其氢含量最佳为 9～11 原子百分比。

表 8-3　硅氢键合模式及其对应吸收峰波数

键合形式	吸收波波数/cm⁻¹	振动模式
Si-H	2000	伸张模式
	630～640	摇摆模式
SiH₂	2090	伸张模式
	880～890	弯曲模式
	630～640	摇摆模式
(SiH₂)ₙ	2090～2100	伸张模式
	850	弯曲模式
	630～640	摇摆模式
SiH₃	2120	伸张模式
	890,850～860	弯曲模式
	630～640	摇摆模式

图 8-21 为高密度等离子体化学气相沉积系统在射频功率 600W，不同氢气/硅烷比例（$R=H_2/SiH_4$）下制备的微晶硅薄膜的傅里叶转换红外线光谱分析图。可观察到其峰值波数在 1950cm⁻¹ 左右，波形平缓。氢气比例越高，波峰越明显，在 2250cm⁻¹ 的波峰也逐渐显现，由此判断薄膜内有大量非晶硅的 SiH、SiH₂ 键合与少量微晶硅的 SiH₂、SiH₃ 键合。

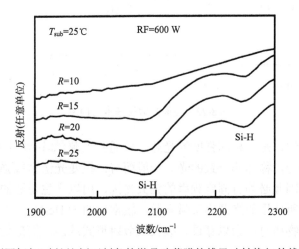

图 8-21　不同氢气/硅烷比例下制备的微晶硅薄膜的傅里叶转换红外线光谱分析图

3. 拉曼光谱仪

印度物理学家 Raman 发现，当一束光入射于介质时，介质会将部分光束散射至各方向，且被特定分子所散射的小部分辐射波长与入射光的波长不相同，而且其波长位移与散射分子的化学结构有关，该现象可用来分析分子结构、官能团或化学键位置。激光能够提供高强度、高稳定性的单色光，使得拉曼光谱被广泛地应用在物理、化学、生物、医学、材料半导体器件等领域，成为极重要的分析工具。

欲使分子呈现拉曼效应，入射光须使分子产生感应偶极矩(induced dipole moment)或改变分子的偏极化性(polarizability)；而振动时分子的偶极矩(与感应偶极矩不同)发生改变会产生红外线吸收光谱。拉曼光谱与红外光谱主要是与分子的振动能量相关。拉曼光谱与红外光谱存在互补关系，要获得分子的全部振动模式，必须检视这两种光谱。

1) 基本构造与工作原理

拉曼光谱仪由三个基本部分组成，如图 8-22 所示。

(1) 用于激发待测样品的激光光源。

(2) 接收散射光并将其按频率分开的分光仪。

(3) 测量各种不同频率散射光能量的能量检测器。

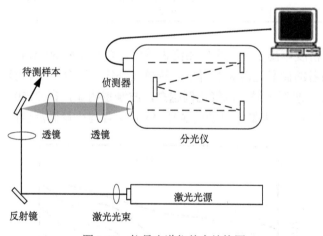

图 8-22　拉曼光谱仪基本结构图

激光具有单色性，是一种高强度的光源。普通的光源(如钨丝灯泡的光)混有不同频率、方向与相位的光，称为非一致的光。一般而言，拉曼光谱谱线强度只有光源的万分之一，即 0.01%，因此必须有固定频率的强大光源，用以产生足够的散射光子，以便记录。典型拉曼光谱所使用的光源为汞弧光源，较常用的为 He-Ne 激光光源。

当光束入射到物质时，会以穿透、吸收或散射形式放出。而散射又可分为弹性散射和非弹性散射。

(1) 弹性散射为入射光子与物质中原子做弹性碰撞而无能量的交换，此时光子的动量并不会改变，但入射光的传播方向发生变化；当入射光的波长(如 X 射线)与物质晶格间距接近时，发生布拉格散射(bragg scattering)；若入射光的波长(如可见光)远大于物质晶格间距时，发生瑞利散射(rayleigh scattering)。

(2)非弹性散射是一个光子和一个分子交换了一个转动或振动能量声子(phonon)，使散射光频率与入射光不同；这种由分子振动相互作用所产生的散射光称为拉曼散射(raman scattering)。

激光波长的光能量为 $E = h\nu$ ，式中， E 为入射光的能量； ν 为 λ 射光的频率。拉曼线的能量为 $E \pm \Delta E$ ，其中 ΔE 是分子的振动能量。因此，拉曼谱线的频率符合

$$E \pm \Delta E = h(\nu \pm \nu_1) \tag{8-10}$$

式中， $\nu \pm \nu_1$ 是散射光能量改变所产生的频率位移。分子所含的振动能量对应频率位移的拉曼谱线，如 $h(\nu \pm \nu_1)$ ， $h(\nu \pm \nu_2)$ ， $h(\nu \pm \nu_3)$ ，…，如图 8-23 所示。

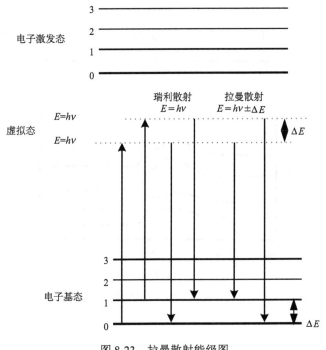

图 8-23　拉曼散射能级图

2)应用实例

拉曼光谱提供了一种快速、简单、可重复且无损伤的定性定量分析方法。样品可直接通过光纤探头进行测量。太阳能电池的光吸收层材料可使用拉曼光谱探讨其结晶程度。

以硅薄膜结晶度为例，其结晶度(crystallinity, X_c)的定义及计算公式如式(8-11)所示，以拉曼光谱分析计算硅薄膜结晶度的示意图如图 8-24 所示。

$$X_c = \frac{I_i + I_e}{I_i + I_e + I_a} \tag{8-11}$$

式中， I_e 、 I_i 及 I_a 分别为拉曼光谱在 519cm^{-1} 或 520cm^{-1} 结晶区(单晶硅)、510~518cm^{-1} 过渡区(微晶硅)及 480cm^{-1} 非晶区(非晶硅)的波峰积分面积。图 8-25 为高密度等离子体

化学气相沉积系统在射频功率 600W，不同氢气/硅烷比例（$R=H_2/SiH_4$）下制备的微晶硅薄膜的拉曼光谱分析图。可观察到此薄膜的结构是由结晶区及非结晶区所构成的，符合微晶硅的结晶特性，而良好的微晶硅薄膜的结晶度为 40%～60%。

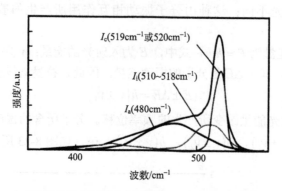

图 8-24　以拉曼光谱分析计算硅薄膜结晶度的示意图，将光谱分解成结晶、过渡与非晶区的光谱

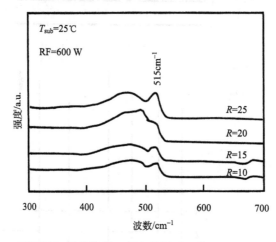

图 8-25　不同氢气/硅烷比例下制备的微晶硅薄膜的拉曼光谱分析图

8.4　电特性分析

1. 霍尔量测

在 1879 年，霍尔（Edwin H.Hall）通过向导体中导入电流，将导体置于外加磁场中，在垂直磁场的方向上外加电流，使得导电载流子受到洛伦兹力（Lorentz force）而往另一轴向偏移，从而产生霍尔电压。霍尔电压的极性由半导体的导电形式（即 N 型或 P 型）决定。由霍尔电压值可以得到多数载流子的浓度与迁移率。

1）基本构造与工作原理

图 8-26 为霍尔测量分析仪系统架构图，主要包含：电磁铁，用以产生磁场；电流源，用以产生电流；电流、电压表，用以测量电流及电压大小。其工作原理如图 8-27 所示。

x 轴方向存在外加电场 ε，x、z 轴上则有一外加磁场 B_z。若试片为一个 p 型半导体，因磁场作用产生一个洛伦兹力 qv_xB_z，该力会使空穴受到一个向上的力，而使得空穴堆积在试片的上端，因而产生一个从上向下的电场。稳态时，y 轴上电场所产生的电力和洛伦兹力平衡，也就是

$$q\varepsilon_y = qv_xB_z \tag{8-12}$$

或者是

$$\varepsilon_y = v_xB_z \tag{8-13}$$

式中，v_x 为空穴的漂移速度。此时，y 方向没有净电流。

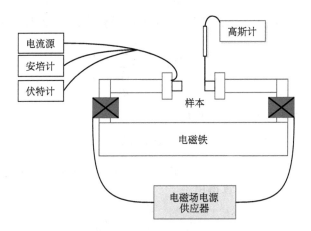

图 8-26　霍尔测量分析仪系统架构图

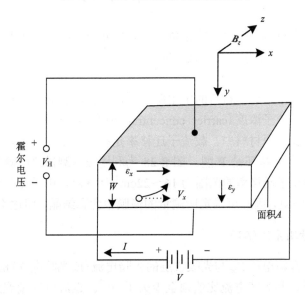

图 8-27　霍尔测量示意图

当电场 ε_y 和 v_xB_z 相等时，在 z 轴方向流动的空穴就不会受到 y 方向的净作用力，这种产生电场的效应称为霍尔效应(Hall effect)，产生的电场称为霍尔电场(Hall field)，而

端电压 $V_H = \varepsilon_y W$ 则称为霍尔电压(Hall voltage)。若将电流密度 $J_p = qpv_x$ 代入式(8-13)中，则有

$$\varepsilon_y = \left(J_p / qp\right)B_z = R_H J_p B_z \tag{8-14}$$

$$R_H = 1 / q_p \tag{8-15}$$

式中，R_H 称为霍尔系数(Hall coefficient)。由式(8-14)知，霍尔电场 ε_y 正比于电流密度与磁场的乘积。

同理可证，对 N 型半导体来说，其霍尔系数为负数。

$$R_H = -1 / q_n \tag{8-16}$$

假设电流及磁场强度 B_z 已知，霍尔电压 V_H 可测，则可求得载流子浓度 p 为

$$p = \frac{1}{qR_H} = \frac{J_p B_z}{q\varepsilon_y} = \frac{\dfrac{I}{A}B_z}{q\dfrac{V_H}{W}} = \frac{IB_z W}{qV_H A} \tag{8-17}$$

此外，若将 $V_x = \mu_p \varepsilon_x$ 代入 $\varepsilon_y = V_x B_z$ 中，则

$$\varepsilon_y = \left(\mu_p \varepsilon_x\right)B_z \tag{8-18}$$

式中，μ_p 为空穴的载流子迁移率。若外加电压 V_x 及磁场强度 B_z 已知，且霍尔电压 V_H 可测，则载流子迁移率 μ_p 即可计算得出。

$$\mu_p = \frac{\varepsilon_y}{\varepsilon_x B_z} = \frac{\dfrac{V_H}{W}}{\dfrac{V_x}{L}B_z} = \frac{V_H L}{W V_x B_z} \tag{8-19}$$

因此，根据测得霍尔电压 V_H 的正负，可以判断导体中载流子的极性，并可利用式(8-17)及式(8-19)求得载流子浓度及迁移率。

2)应用实例

霍尔测量可以得出半导体材料的电阻率(resistivity)，是判断材料导电性的重要依据。霍尔测量可以得到载流子浓度(carrier concentration)和载流子迁移率(mobility)，在透明导电膜与各种太阳能电池材料中，载流子迁移率是材料的重要特性。霍尔测量还能够鉴别半导体材料是属于 N 型还是 P 型。图 8-28 为利用霍尔测量仪所测得的微晶硅薄膜载流子迁移率，其载流子迁移率的范围为 $16 \sim 22 \mathrm{cm}^2 / (\mathrm{V \cdot s})$，由于非晶硅材料的载流子迁移率小于 $1\,\mathrm{cm}^2 / (\mathrm{V \cdot s})$，因此可确定所测量的薄膜中含有结晶，但达不到单晶硅的状态。

2. 直流电性量测系统(I-V)

太阳能电池的开路电压 V_{oc} 与光吸收层的光暗电流(或光暗电导)的比值有极大关系。好的光吸收层材料，其光暗电流比值须至少大于 10^3。直流电性量测系统用于评估该项指标。

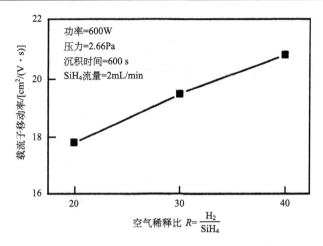

图 8-28　不同氢气/稀释下微晶硅薄膜载流子迁移率测量图

1) 基本构造与工作原理

图 8-29 为直流导电性量测系统，主要包含衬底座、探针、电压电流计和计算机输出器。对试片外加一个电压(V)、量测电流(I)及试片本身的电阻(R)。若试片为导体，将遵守欧姆定律(ohm's law)。

$$V = IR \tag{8-20}$$

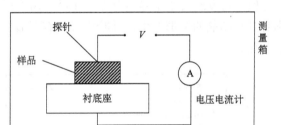

图 8-29　直流导电性测量系统

电阻(R)与导线长度成正比，与截面积成反比，即 $R = \rho \dfrac{L}{A}$，其中 ρ 为比例系数，即材料的电阻率(resistivity)，故电阻(R)可写为

$$R = \frac{V}{I} = \rho \frac{L}{A} \tag{8-21}$$

$$\rho = \frac{V}{I} \cdot \frac{A}{L} \tag{8-22}$$

式中，ρ 为电阻率($\Omega \cdot cm$)；L 为两电极间距离(cm)；A 为电极面积(cm^2)。如图 8-30 所示为电导率 σ 的测量装置，包括暗电导(dark conductivity，σ_d)及光电导(photo conductivity，σ_{ph})，测量电压、电流值，由式(8-23)得到电导率，其中，σ_d 在暗室中测量，而 σ_{ph} 在标准光源 AM1.5 下测量。

$$\sigma_{\mathrm{d}} = \frac{Id}{Vlt} \qquad\qquad (8\text{-}23)$$

式中，t 为光吸收材料厚度；d 为两电极间距离；l 为电极宽度。

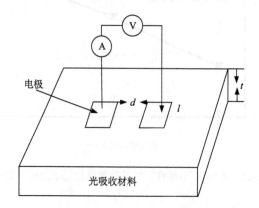

图 8-30　测量电导的电路设置

2) 应用实例

直流导电性测量分析仪可应用于二极管、晶体管、集成电路等器件的测量和分析，并显示这些器件的直流参数和特性。图 8-31 为利用 $I\text{-}V$ 系统于暗室中测量并通过式(8-23)所求得的硅薄膜暗电导值，可发现其暗电导值分布于 $10^{-6}\sim10^{-7}\Omega^{-1}\cdot\mathrm{cm}^{-1}$ 的范围，原因应归为微晶硅薄膜本身具有结晶的情形发生，其暗电导值有明显的升高，这也是造成薄膜本身漏电流升高的原因。

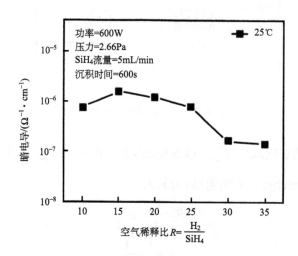

图 8-31　不同氢气稀释下微晶硅的暗电导值

3. 微波光电导衰减器

少数载流子寿命(minority carrier lifetime)是评价晶片质量的指标之一，晶片质量影响太阳能电池的效率。可以通过测量晶片的少数载流子寿命，找出不同硅衬底导致发光效率不同的原因。微波光电导衰减器(μ-PCD)是一种非破坏性测量装置,通过观察电导变化来推测载流子数目的变化,进而计算出器件的载流子寿命,以确认硅晶片的质量。

图 8-32 所示为 μ-PCD 测量系统。μ-PCD 装置主要包含一个微波源和一个侦测器,微波源将微波经由波导打到待测物上,通过外加光源将光源照射到待测物上,由侦测器测量反射波能量。

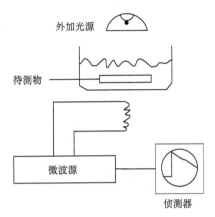

图 8-32 μ-PCD 量测示意图

μ-PCD 的测量原理:将微波经由波导打到待测物上,将待测物视为波导的终端负载,但由于其阻抗与波导的特征阻抗并不匹配,因此会有反射波。此时将外加光源(或激光)打到待测物上,使其受激发产生多余的电子-空穴对,这些载流子数目的改变会引起材料的电导值发生变化,使待测物的阻抗改变,进而影响反射波能量。由侦测器侦测反射波的能量来计算等效的载流子的寿命。

光激发后产生的电子与空穴会再一次相互结合,而在电子、空穴结合后会发射出微波能量,因此监测反射微波的能量变化即可得知电导的衰减情形(反射微波强度正比于电导率)。由于电导值的变化量与载流子数目的变化量成正比,如果能够激发待测物使其产生多余电子-空穴对,当激发源停止的时候,这些多余的电子-空穴对的数目便会因为复合而减少,其减少的速度即载流子的寿命,因此观察 Δn 或 Δp 便可推得载流子的寿命。

$$\Delta n(t) = \Delta n(0) e^{\left(\frac{-t}{\tau_{\text{eff}}}\right)} \tag{8-24}$$

式中,τ_{eff} 即等效的载流子的寿命。

4. 光电转化效率测定仪

1) 基本构造与工作原理

图 8-33 所示为光电转化效率测定仪(IPCE)的结构示意图,可用来测定入射光的光电转化效率,主要包括光源、红外线滤光片、单光分光仪、电流计、能量计(power meter)和功率探测器(power detector)。光源为氙灯,是包含紫外线、可见光与红外线的全波段光源。测量光电转化效率时,先将红外线部分用红外线滤光片滤掉,再将全光谱分成单光(单一波长)的形式。单色仪(monochromator)通过将光栅改变不同角度,选择出所需波

长。光源经过分光仪分光后，可提供特定的单一波长光照射到待测样品上，样品所产生的光电流信号会经由系统的信号处理电路转换为电压信号，再由计算机做进一步的分析处理。系统标准的偏压光源提供的强度调整范围为 0～120mW/cm。由于太阳能电池的量子效率是以光波长的函数来表示的，即

$$量子效率 = 照射时所产生的光电流/入射光的能量（Amp/Watt） \tag{8-25}$$

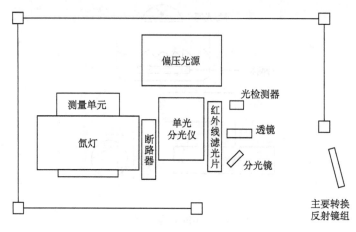

图 8-33　IPCE 的结构示意图

入射光电转化效率也就是将特定波长下光子转化成电子的效率，以特定波长下的单光为激励信号，测该波长所激发出的电流值，总效率则是在 AM1.5 光源下，每波长激发出的电流值的总和。

$$IPCE = \frac{1.25 \times 10^3 \times 光电流密度(\mu A / cm^2)}{波长(nm) \times 入射光强度(W / m^2)} \tag{8-26}$$

如式 (8-26) 所示，IPCE 的物理意义为入射光子数所转化成电子的比值。测量入射光电转化效率是为了测量某材料吸收光后，激发出电子的情形。理想的入射光电转化效率的变化随着 UV-vis 吸收光谱图而变化，证明该材料吸收的波长位置即放出电子的波长所在。相反地，如果是 UV-vis 光谱上有吸收的位置，却没有反映在入射光电转化效率图形上，即可判断该材料被激发的程度低，其原因可能是电子转移时受到阻力太大而损耗，或材料本身被激发出电子后迅速回到基态。IPCE 是用于判断材料产生电子效果的一项重要性能指标。

2) 应用实例

由式 (8-26) 可知，要求出入射光电转化效率，需已知入射光强度和光电流值。而入射光强度是先以入射光投射在功率侦测器上，再以能量计读出其强度，其原理为将入射光的热量转化成电流信号，进一步将电流转化为电压，测量该电压大小，最后得到入射光强度-波长的特性图。入射光电转化效率的典型应用，为测量 N3、N719 和 Black 染料的 UV-vis 吸收光谱所对应的入射光子对电流的转换效率。

参 考 文 献

蔡冰, 张文华, 邱介山, 2015. 平板结构高效钙钛矿太阳能电池的旋涂溶液溶剂工程[J]. 催化学报, 36(8): 1183-1190.

戴宝通, 郑晃忠, 2012. 太阳能电池技术手册[M]. 北京: 人民邮电出版社.

廖成, 韩俊峰, 江涛, 等, 2011. 硒蒸气浓度对制备 CIGS 薄膜的影响[J]. 物理化学学报, 27(2): 432-436.

刘伯飞, 白立沙, 张德坤, 等, 2013. 非晶硅界面缓冲层对非晶硅锗电池性能的影响[J]. 物理学报, 62(24): 248801.

潘惠平, 薄连坤, 黄太武, 等, 2012. 铜铟镓硒太阳能电池多层膜的结构分析[J]. 物理学报, 61(22): 228801.

史继富, 樊晔, 徐雪青, 等, 2012. 制备条件对 Cu_2S 光阴极性能的影响[J]. 物理化学学报, 28(4): 854-864.

孙云, 2011. 中国薄膜电池技术与发展概况(下)[J]. 太阳能, (4): 52-55.

王秀波, 2010. 太阳能电池概述[J]. 和田师范专科学校学报, 29(6): 192-194.

翁敏航, 2013. 太阳能电池: 材料·制造·检测技术[M]. 北京: 科学出版社.

吴世康, 汪鹏飞, 2010. 有机电子学概论[M]. 北京: 化学工业出版社.

吴亚美, 杨瑞霞, 田汉民, 等, 2015. 钙钛矿太阳电池吸收层制备工艺[J]. 半导体技术, (10): 730-738, 782.

徐玉东, 张正勇, 孔继烈, 等, 2013. 聚甲基丙烯酰胺包覆的 ZnO 发光量子点及其在细胞成像中的应用[J]. 高等学校化学学报, (7): 1-6.

杨术明, 2007. 染料敏化纳米晶太阳能电池[M]. 郑州: 郑州大学出版社.

郑新霞, 张晓丹, 杨素素, 等, 2011. 单室沉积非晶硅/非晶硅/微晶硅三叠层太阳电池的研究[J]. 物理学报, 60(6): 068801.

周玉, 2011. 材料分析方法[M]. 北京: 机械工业出版社.

邹永刚, 李林, 刘国军, 等, 2010. GaAs 太阳能电池的研究进展[J]. 长春理工大学学报(自然科学版), 33(1): 44-47.

CHEMISANA D, 2010. Building integrated concentrating photovoltaics: A review [J]. Renewable and Sustainable Energy Reviews, (1): 603-611.

KANG S H, KIM H S, KIM J Y, et al., 2010. Enhanced photocurrent of nitrogen-doped TiO_2 film for dye-sensitized solar cells [J]. Materials Chemistry and Physics, 124(1): 422-426.

NAPHON P, 2008. Effect of corrugated plates in an in-phase arrangement on the heat transfer and flow developments [J]. International Journal of Heat and Mass Transfer, 51(15): 3963-3971.

SAMADPOUR M, Giménez S, Boix P P, et al., 2012. Effect of nanostructured electrode architecture and semiconductor deposition strategy on the photovoltaic performance of quantum dot sensitized solar cells [J]. Electrochimica Acta, (4): 139-147.

SUBBIAH J, KIM D Y, HARTEL M, et al., 2010. MoO_3/poly(9, 9-dioctylfluorene-co-N-[4-(3-methylpropyl)]-diphenylamine)double-interlayer effect on polymer solar cells [J]. Applied Physics Letter, 96(6): 063303.

ZHANG T, HUANG J H, HE F, et al., 2013. The effect of built-in field on the interface exciton recombination and issociation in N+N type organic solarcells [J]. Solar Energy Materials and Solar Cells, 112: 73-77.